W0258860

Daniel Scholz

Pixelspiele

Modellieren und Simulieren mit zellulären Automaten

Daniel Scholz
Braunschweig, Deutschland

ISSN 0937-7433
ISBN 978-3-642-45130-0   ISBN 978-3-642-45131-7 (eBook)
DOI 10.1007/978-3-642-45131-7
Mathematics Subject Classification (2010): 37B15, 68Q80, 97M10, 97M50, 97M60, 97N70

Die Deutsche Nationalbibliothek verzeichnet diese Publikation in der Deutschen Nationalbibliografie; detaillierte bibliografische Daten sind im Internet über http://dnb.d-nb.de abrufbar.

Springer Spektrum

Springer Spektrum ist eine Marke von Springer DE. Springer DE ist Teil der Fachverlagsgruppe Springer Science+Business Media
www.springer-spektrum.de

Vorwort

Zelluläre Automaten bieten eine weitreichende Möglichkeit zur diskreten Modellierung komplexer Sachverhalte. Die grundlegende Idee dabei ist, eine große Anzahl von *Spielern* wie Figuren, Teilchen, Elemente, Tiere oder Ähnliches auf einem *Spielfeld* zu simulieren, wobei sich alle Spieler nach exakt *identischen Regeln* verhalten, aber nur mit einer kleinen Anzahl von Spielern aus ihrer *Nachbarschaft* interagieren. Damit zählen zelluläre Automaten zur Klasse der agentenbasierten Modellierung und Simulation.

Angetrieben von der rasanten Steigerung der Rechenleistung von Computern, sind in den vergangenen Jahrzehnten ständig neue zelluläre Automaten definiert und analysiert worden. Angefangen mit sehr einfachen und theoretischen Konzepten sind Modelle entstanden, die z. B. in der technischen Entwicklung, der mathematischen Physik oder in industriellen Anwendungen zum Einsatz kommen. Aber auch in aktuellen Forschungsthemen erhalten zelluläre Automaten ein steigendes Ansehen, da Simulationen vergleichsweise einfach auf Multi-Prozessoren oder auf Parallelrechnern durchgeführt werden können. Dies ist eine interessante Entwicklung, denn insbesondere auf großen Spielfeldern können Ergebnisse erzielt werden, die sehr nahe an der Realität liegen, sodass sich auch komplexe Untersuchungen mit einfachen Modellen durchführen lassen.

Dieses Lehrbuch soll anhand zellulärer Automaten einen Einblick in die Welt der Modellierung und Simulation vermitteln. Zelluläre Automaten sind dafür besonders geeignet, da sich auch mit vergleichsweise einfachen Mitteln und ohne aufwendigen mathematischen oder physikalischen Formeln komplexe Sachverhalte simulieren lassen. Ein besonderer Fokus liegt dabei auf einer didaktisch wertvollen Darstellung aller Themen.

Zu Beginn der wenigen Abschnitte, in denen Vorkenntnisse aus Mathematik, Physik oder Ingenieurswissenschaften für das Verständnis vorausgesetzt werden, wird wie an dieser Stelle mit einer Markierung ausdrücklich darauf hingewiesen.

Die Inhalte dieses Buches eignen sich vor allem für interdisziplinäre Studieninhalte in unterschiedlichen Disziplinen wie der Mathematik, der Physik, der Informatik, der Biologie oder des Verkehrswesens. Weiterhin sind die Inhalte so ausgelegt, dass sie im Grundstudium an Universitäten, an Fachhochschulen sowie im weiterführenden Schulunterricht sinnvoll eingesetzt werden können.

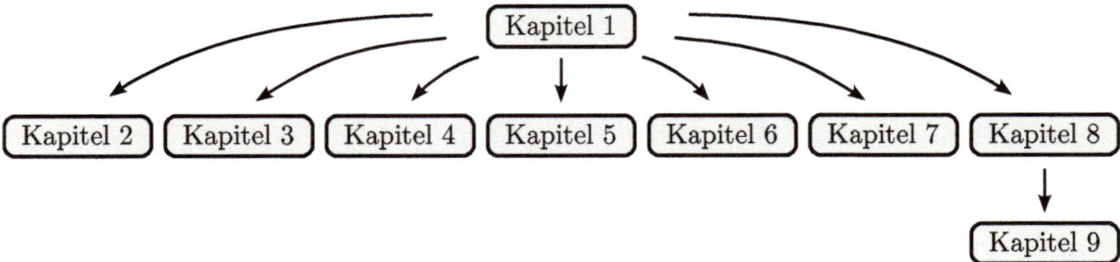

Abb. 1 Abhängigkeiten der Kapitel dieses Buches untereinander. Nach der Einleitung in Kap. 1 können alle Kapitel unabhängig voneinander gelesen und verstanden werden. Die einzige Ausnahme bildet Kap. 9

In jedem Kapitel stellen wir ein neues Modell zur Simulation bestimmter Sachverhalte vor, sodass nach einer Einführung der Grundbegriffe alle Kapitel je nach Interesse unabhängig voneinander studiert werden können, s. Abb. 1. Die einzige Ausnahme dabei ist Kap. 9, welches auf Kap. 8 aufbaut.

Weiterhin sind alle Modelle und Beispiele so dargestellt, dass sie so einfach wie möglich reproduziert werden können. Interessierte Leser mit grundlegenden Programmierkenntnissen sollten daher auch in der Lage sein, alle in diesem Buch vorgestellten Modelle selbstständig zu implementieren und anschließend damit zu experimentieren. Als kleine Hilfestellung hierzu ist im Anhang A ein Beispiel zum Speichern und Einlesen einer Bilddatei in der Programmiersprache Java zu finden.

Zur weiteren Veranschaulichung der Modelle können zu fast allen Beispielen genaue Bilddaten, kurze Animationen sowie interaktive Anwendungen unter

www.mehr-davon.de/za/

abgerufen werden. Weiterhin sind hierzu einigen Beispielen auch kommentierte Quellcode-Dateien in JavaSript zu finden. Diese Dateien können mit jedem Texteditor bearbeitet und mit jedem aktuellen Browser ausgeführt werden. Damit ist eine zusätzliche Hilfestellung gegeben, die das eigene Experimentieren und Erweitern der grundelegenden Modelle erleichtern soll.

Beispiele mit weiterführenden Materialien, die auf der zuvor genannten Homepage abgerufen werden können, werden im Text wie am Anfang dieses Abschnittes mit einem Icon markiert.

Alle zelluläre Automaten in diesem Buch definieren wir durch genau sechs Größen bzw. Eigenschaften. Um eindeutig zu klären, wie diese Eigenschaften in den jeweiligen Beispielen definiert sind, gehen wir wie folgt vor: Wir markieren die Textstellen, an denen eine Eigenschaft beschrieben wird, durch die entsprechende Nummer der Eigenschaft, wie z. B. die Drei 3 zur Definition der Nachbarschaft. Jedes Kapitel enthält somit die Nummern Eins bis Sechs, jeweils mindestens an einer Stelle. Dadurch soll es dem Leser erleichtert werden, eine Beispielsimulation möglichst schnell nachvollziehen zu können. Zur weiteren Vertiefung der präsentierten Modelle sind an geeigneten Stellen Fragen im Text integriert, die einerseits zum Verständnis des Textes beitragen und andererseits zum Nachdenken anregen sollen.

Mein besonderer Dank bei der Erstellung dieses Buches gilt Anita Schöbel und Michael Weyrauch, die meine akademische Ausbildung maßgeblich geprägt haben. Weiterhin bedanke ich mich bei meiner Frau Helena für die Geduld, die sie mir gegenüber beim Schreiben dieses Buches aufgebracht hat. Darüber hinaus bedanke ich mich bei allen Freunden und Bekannten, die durch gemeinsame Diskussionen oder durch das Korrekturlesen zur Verbesserung der Qualität der Inhalte beigetragen haben. Schließlich danke ich Herrn Clemens Heine und Frau Agnes Herrmann vom Springer-Verlag für die freundliche Zusammenarbeit.

Daniel Scholz   Dezember 2013

Inhaltsverzeichnis

Einleitung und Grundbegriffe

Zusammenfassung

Bevor wir in den folgenden Kapiteln unterschiedlichste Simulationsmöglichkeiten mit zellulären Automaten vorstellen, fassen wir hier einige Grundlagen und erklärende Beispiele zusammen. Zunächst beginnen wir in Abschn. 1.1 mit einer knappen historischen Entwicklung von zellulären Automaten, bevor wir in Abschn. 1.2 eine allgemeine Beschreibung präsentieren, an die wir uns in allen Modellen in diesem Buch halten werden. Weiterführende Bemerkungen zur Beschreibung werden anschließend in Abschn. 1.3 diskutiert. In den folgenden Abschn. 1.4 und 1.5 veranschaulichen wir die zuvor eingeführten Definitionen und Bezeichnungen an einem eindimensionalen sowie an einem zweidimensionalen Modell. Diese grundlegenden Beispiele sind zugleich auch historisch bedeutende zelluläre Automaten, die überhaupt erst das Interesse an dieser Simulationsmöglichkeit geweckt haben.

1.1 Einleitung

Wie im Vorwort bereits ausführlich beschrieben, dienen zelluläre Automaten zur agentenbasierten Modellierung und Simulation verschiedenster Sachverhalte. Die Entstehung des Lebens, Modelle im Verkehrswesen, populationsdynamische Entwicklungen oder die Ausbreitung von Epidemien stellen dabei nur eine kleine Auswahl der unzähligen Szenarien dar, die sich mit zellulären Automaten simulieren lassen.

Mit der Verbreitung der Computer veröffentliche John von Neumann eine der grundlegenden Arbeiten zu zellulären Automaten, s. Neumann (1966). Maßgeblich vorangetrieben wurde die Entwicklung und Erforschung der zellulären Automaten durch Stephen Wolfram in einer ganzen Reihe von Arbeiten, s. z. B. Wolfram (1983), Wolfram (1984a), Wolfram (1984b), Wolfram (1986a), Wolfram (1986b), Wolfram (1994) und Wolfram (2002). Im Laufe der Zeit haben zelluläre Automaten in einer Vielzahl von Fachgebieten Interesse gefunden, sodass mitunter sehr komplexe und hochinteressante Arbeiten entstanden sind.

D. Scholz, *Pixelspiele*, DOI 10.1007/978-3-642-45131-7_1,
© Springer-Verlag Berlin Heidelberg 2014

In diesem Buch stellen wir vergleichsweise einfache Modelle aus unterschiedlichen Bereichen wie z. B. der Physik, der Biologie, dem Verkehrswesen oder den Ingenieurswissenschaften vor. Einige dieser Modelle sind teilweise auch in den Lehrbüchern Margolus und Toffoli (1987), Gerhardt und Schuster (1995), Chaudhuri et al. (1997), Wolfram (2002) und Schiff (2008) zu finden. Unser Fokus liegt einerseits darauf, alle Modelle so einfach wie nur möglich und zugleich anschaulich darzustellen. Andererseits wollen wir zeigen, dass sich durch einfache Simulationen bereits realitätsnahe Ergebnisse erzielen lassen, sodass etwa das Verhalten konkurrierender Spezies oder physikalische Gesetze verifiziert werden können.

Im Gegensatz zu **deterministischen** Modellen, bei denen mit gleichen Eingangsdaten exakt die gleichen Ergebnisse erzielt werden, untersuchen wir in den folgenden Kapiteln stets **randomisierte** Modelle, bei denen der Zufall eine ganz wesentliche Rolle spielt. Wir werden sehen, wie sich faszinierende Ergebnisse gerade aufgrund zufälliger Prozesse erreichen lassen.

Bevor wir jedoch mit der Präsentation unterschiedlicher Modelle beginnen, führen wir in diesem Kapitel zunächst eine allgemeine Beschreibung von zellulären Automaten ein. Die Beschreibung im folgenden Abschn. 1.2 kann je nach Vorwissen auf den ersten Blick etwas abstrakt oder schwer verständlich wirken, der generelle Aufbau und der Ablauf von zellulären Automaten sollten dann aber in den Beispielen der Abschn. 1.4 und 1.5 leicht nachvollziehbar sein.

1.2 Zelluläre Automaten

Wie bereits in der Einleitung beschrieben, lassen sich **zelluläre Automaten** zur Modellierung und Simulation dynamischer Systeme verwenden. Dabei werden diskrete Zeitschritte

$$t_0 \rightarrow t_1 \rightarrow t_2 \rightarrow t_3 \rightarrow t_4 \rightarrow t_5 \rightarrow t_6 \rightarrow \ldots$$

betrachtet, wobei t_0 den Startzeitpunkt der Simulation festlegt. Jede Simulation mit einem zellulären Automaten kann nun eindeutig durch die folgenden sechs Größen bzw. Eigenschaften definiert werden.

1.2.1 Spielfeld

Zunächst wird ein diskreter Raum benötigt, in dem die Simulation durchgeführt wird. In diesem Buch beschränken wir uns auf **eindimensionale** und **zweidimensionale** Räume, welche wir als **Spielfelder** bezeichnen werden.

Ein eindimensionales Spielfeld besteht dabei aus einer Reihe von n **Pixeln**, nämlich

$$x_1, x_2, x_3, x_4, \ldots, x_n$$

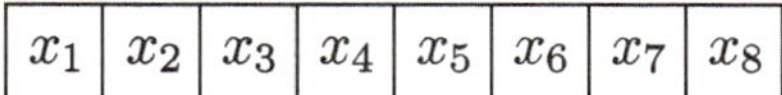

(a) Spielfeld und Pixel   **(b)** Spielfeld mit Zuständen

Abb. 1.1 Beispiel eines eindimensionalen Spielfeldes mit $n = 8$ Pixeln. In **(a)** ist das Spielfeld mit der Bezeichnung der Pixel zu sehen. In **(b)** wurde jedem Pixel ein Zustand zugeordnet, wobei die Zustandsmenge Q aus den $s = 3$ Zuständen q_1, q_2 und q_3 besteht, denen *Rot*, *Grün* und *Blau* zugeordnet ist. Ein rotes Pixel bedeutet beispielsweise, dass sich das Pixel im Zustand q_1 befindet

oder kürzer x_i für $i = 1, \ldots, n$, s. Abb. 1.1a. Jedes Pixel nimmt zu jedem Zeitpunkt einen Zustand an, wie wir später genauer erklären werden.

Ein zweidimensionales Spielfeld besteht aus einem rechteckigen Raster oder Gitter mit $m \times n$ **Pixeln**, nämlich

$$x_{ij} \quad \text{für} \quad i = 1, \ldots, m \quad \text{und} \quad j = 1, \ldots, n,$$

wobei jedes Pixel wieder einen Zustand einer Zustandsmenge einnehmen kann, s. Abb. 1.2a.

1.2.2 Zustände

Jedes Pixel im Spielfeld nimmt zu jedem Zeitpunkt genau einen **Zustand** 2 ein. Dazu definieren wir die **Zustandsmenge**

$$Q = \{q_1, \ldots, q_s\},$$

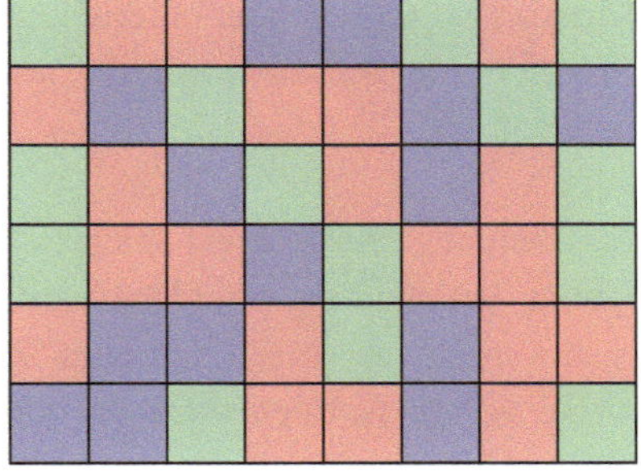

(a) Spielfeld und Pixel   **(b)** Spielfeld mit Zuständen

Abb. 1.2 Beispiel eines zweidimensionalen Spielfeldes mit $m \times n = 6 \times 8 = 48$ Pixeln. In **(a)** ist das Spielfeld mit der Bezeichnung der Pixel zu sehen. In **(b)** wurde jedem Pixel ein Zustand zugeordnet, wobei die Zustandsmenge Q aus den $s = 3$ Zuständen q_1, q_2 und q_3 besteht, denen *Rot*, *Grün* und *Blau* zugeordnet ist. Ein *rotes* Pixel bedeutet beispielsweise, dass sich das Pixel im Zustand q_1 befindet

welche aus den s Zuständen q_1 bis q_s besteht. Zur späteren Veranschaulichung der Simulation ordnen wir jedem Zustand genau eine Farbe zu, s. Abb. 1.1b und 1.2b.

1.2.3 Nachbarschaft

Jedes Pixel besitzt eine *Nachbarschaft* 3, wobei für jedes Pixel die Nachbarschaft nach den gleichen Regeln bestimmt wird. Dabei besteht eine Nachbarschaft aus dem jeweiligen Pixel selbst sowie einigen Pixeln in der Nähe von ihm.

Beispiele von Nachbarschaften werden wir im folgenden Abschn. 1.3.1 genauer vorstellen.

1.2.4 Schritte

Bislang haben wir nur grundlegende Eigenschaften festgelegt und die Rolle der Zeitpunkte t_k vernachlässigt. Die wichtigste Eigenschaft von zellulären Automaten ist jedoch die folgende:

> Der Zustand eines Pixels zum Zeitpunkt t_{k+1} ergibt sich aus den Zuständen der Pixel in seiner Nachbarschaft zum Zeitpunkt t_k.

Dabei wird der Zustand eines Pixels im jeweils folgenden Zeitschritt durch *Regeln* 4 bestimmt. Wir unterscheiden zwischen zwei Arten von Regeln:

1. Regeln, bei denen der Zustand eines Pixels durch die Zustände der Pixel in seiner Nachbarschaft festgelegt werden. Bei derartigen Regeln kann sich nur der Zustand des jeweiligen Pixels ändern.
2. Regeln, bei denen Pixel innerhalb einer Nachbarschaft miteinander interagieren. Dabei ist es möglich, dass sich die Zustände mehrerer Pixel innerhalb der Nachbarschaft ändern.

Beim Übergang aller Pixel im Spielfeld von einem Zeitpunkt t_k in den folgenden Zeitpunkt t_{k+1} unter Verwendung einer Regel vom Typ (**1**) oder nach einer zuvor festgelegten Anzahl von Anwendungen einer Regel vom Typ (**2**) sprechen wir von einem *Schritt*. Weiter bezeichnen wir die *Konfiguration* des Spielfeldes zum Zeitpunkt t_k als *Generation* G_k.

In den folgenden Kapiteln untersuchen wir stets zelluläre Automaten, bei denen der Zufall bei der Berechnung eines Schrittes eine wesentliche Rolle spielt.

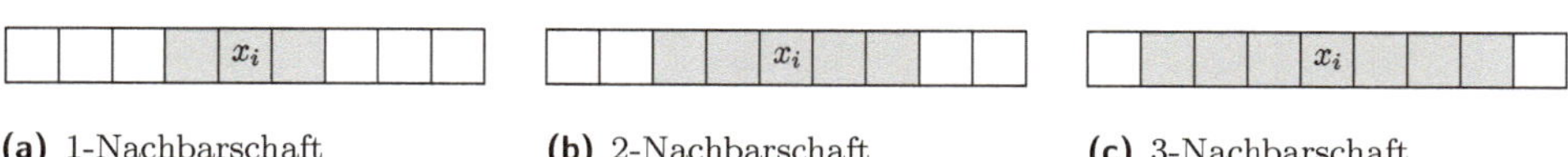

(a) 1-Nachbarschaft   (b) 2-Nachbarschaft   (c) 3-Nachbarschaft

Abb. 1.3 Beispiele von Nachbarschaften in eindimensionalen Spielfeldern. Die Nachbarschaft von Pixel x_i ist jeweils in *Grau* dargestellt

1.2.5 Randbedingungen

Zur Festlegung der Regeln ist stets auf ***Randbedingungen*** 5 ▦ zu achten. Wie bereits beschrieben, ergibt sich der neue Zustand eines Pixels aus seiner Nachbarschaft. Wenn das Pixel nun aber am Rand des Spielfeldes liegt, kann es vorkommen, dass seine Nachbarschaft nicht komplett im Spielfeld enthalten ist. Für diese Fälle müssen besondere Regeln gefunden werden, nämlich genau die Randbedingungen, s. Abschn. 1.3.2.

1.2.6 Startkonfiguration

Damit ist ein zellulärer Automat im Grunde vollständig beschrieben. Was zur Simulation noch fehlt, sind jeweils Überlegungen zur ***Startkonfiguration*** 6 ⏻ im Zeitpunkt t_0, bevor die Simulation durchgeführt werden kann. Darunter verstehen wir die Festlegung der ersten Generation G_0, also die initiale Zuweisung eines Zustandes für alle Pixel.

1.3 Bemerkungen

Bevor wir die Beschreibung von zellulären Automaten an zwei Beispielen genauer studieren, wollen wir an dieser Stelle noch auf zwei Punkte näher eingehen.

1.3.1 Nachbarschaften

1.3.1.1 Nachbarschaften in eindimensionalen Spielfeldern

In eindimensionalen Spielfeldern ist die Definition von Nachbarschaften relativ einfach. Mit einer natürlichen Zahl z besteht die z-Nachbarschaft von x_i aus dem Pixel x_i selbst sowie aus den z jeweils links und rechts benachbarten Pixel, s. Abb. 1.3.

1.3.1.2 Nachbarschaften in zweidimensionalen Spielfeldern

In zweidimensionalen Spielfeldern gibt es sehr viel mehr Möglichkeiten zur Definition von Nachbarschaften. In Abb. 1.4a ist die ***Von-Neumann-Nachbarschaft*** zu sehen, die aus x_{ij} selbst sowie vier weiteren Pixeln besteht. Bei der ***Moore-Nachbarschaft*** in Abb. 1.4b erhalten wir insgesamt neun Pixel, also x_{ij} und acht weitere Pixel.

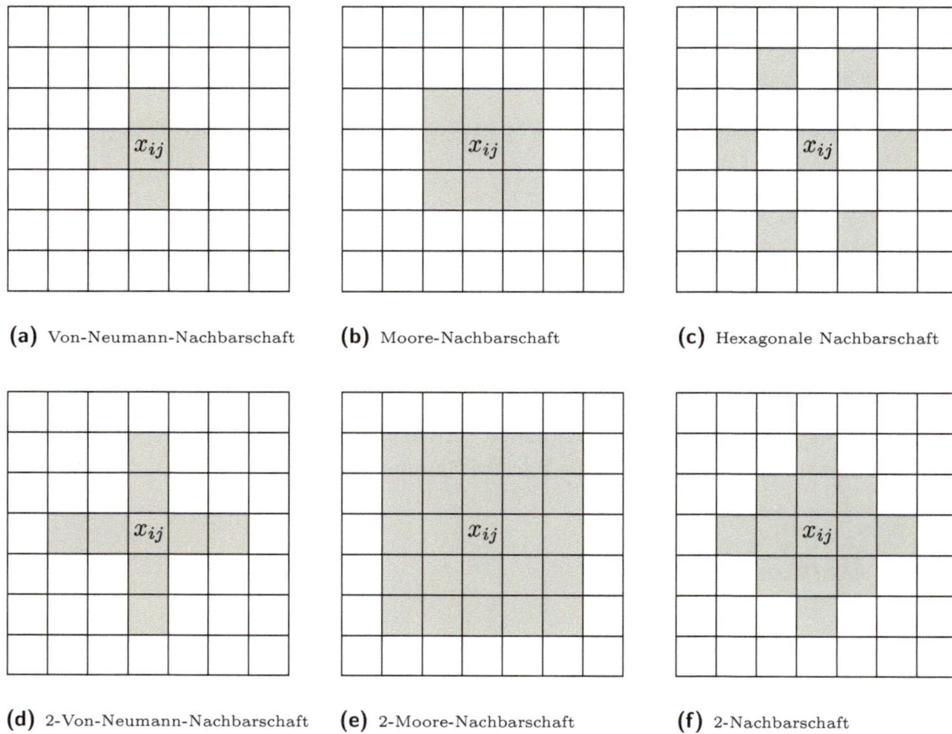

(a) Von-Neumann-Nachbarschaft **(b)** Moore-Nachbarschaft **(c)** Hexagonale Nachbarschaft

(d) 2-Von-Neumann-Nachbarschaft **(e)** 2-Moore-Nachbarschaft **(f)** 2-Nachbarschaft

Abb. 1.4 Beispiele von Nachbarschaften in zweidimensionalen Spielfeldern. Die Nachbarschaft von Pixel x_{ij} ist jeweils in *Grau* dargestellt

Die Definition einer *hexagonalen Nachbarschaft* mit x_{ij} sowie sechs weiteren Pixeln ist ein wenig komplizierter. Wir haben uns für die in Abb. 1.4c gezeigte Variante entschieden. Diese hat den Vorteil, dass sich die hexagonale Nachbarschaft auch auf einem rechteckigen Spielfeld sehr gut darstellen lässt. Ein großer Nachteil ist jedoch, dass dabei nur jedes vierte Pixel tatsächlich von Interesse ist. Mit anderen Worten, nur ein Viertel aller Pixel auf dem Spielfeld interagiert miteinander, sodass hier viel Speicherplatz verschwendet wird.

Weitere Möglichkeiten zweidimensionaler Nachbarschaften sind den Abb. 1.4d und 1.4e zu entnehmen.

1.3.2 Randbedingungen

Wenn ein Pixel am Rand des Spielfeldes liegt, sodass seine Nachbarschaft nicht komplett im Spielfeld enthalten ist, müssen unter Umständen Randbedingungen definiert werden. Wir stellen hier zwei Möglichkeiten vor.

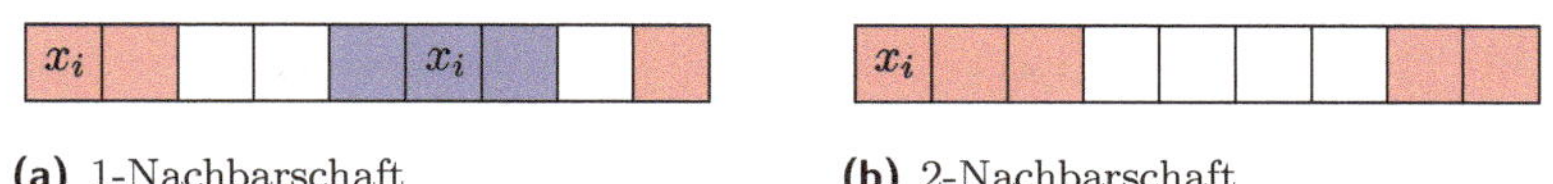

(a) 1-Nachbarschaft   **(b)** 2-Nachbarschaft

Abb. 1.5 Veranschaulichung der periodischen Randbedingungen bei eindimensionalen Spielfeldern. Die *farbigen* Pixel sind jeweils die Nachbarschaft von x_i. Die jeweils *rote* Nachbarschaft ist nicht komplett im Spielfeld enthalten. Bei periodischen Randbedingungen wird die Nachbarschaft nun durch Pixel vom anderen Rand des Spielfeldes ergänzt

1.3.2.1 Abgeschlossene Randbedingungen

Wir sprechen von *abgeschlossenen Randbedingungen*, wenn wir folgende Regeln verwenden: Angenommen, die Nachbarschaft eines Pixels ist nicht komplett im Spielfeld enthalten, dann wird sich der Zustand des Pixels niemals ändern. Mit anderen Worten, von Schritt zu Schritt wird der Zustand des Pixels ohne Beachtung der Regeln stets übernommen.

1.3.2.2 Periodische Randbedingungen

Sehr viel interessanter ist die Definition von *periodischen Randbedingungen*. Wenn in diesem Fall die Nachbarschaft eines Pixels nicht komplett im Spielfeld enthalten ist, ergänzen wir die fehlenden Pixel der Nachbarschaft durch Pixel am anderen Rand des Spielfeldes. Da eine genaue Definition in Worten sehr schwierig ist, haben wir in Abb. 1.5 die periodischen Randbedingungen für eindimensionale Spielfelder sowie in Abb. 1.6 für zweidimensionale Spielfelder genau dargestellt.

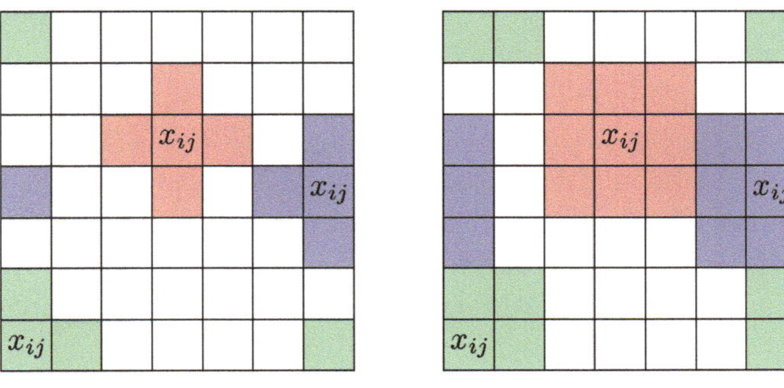

(a) Von-Neumann-Nachbarschaft   **(b)** Moore-Nachbarschaft

Abb. 1.6 Veranschaulichung der periodischen Randbedingungen bei zweidimensionalen Spielfeldern. Die *farbigen* Pixel sind jeweils die Nachbarschaft von x_{ij}. In **(a)** ist die Von-Neumann-Nachbarschaft dargestellt. Auch hier werden die Nachbarschaften, die nicht komplett im Spielfeld enthalten sind, durch entsprechende Pixel ergänzt. Besonders interessant ist der Fall, bei dem x_{ij} in einer Ecke des Spielfeldes liegt. Hier wird die Nachbarschaft durch Pixel in anderen Ecken des Spielfeldes ergänzt. Die gleichen Fälle für die Moore-Nachbarschaft sind in **(b)** dargestellt

Tab. 1.1 Übersicht der beiden Zustände im elementaren zellulären Automaten

Zustand	Farbe	Beschreibung
q_1		Pixel nicht besetzt
q_2	■	Pixel besetzt

1.4 Eindimensionales Universum

Nach der bislang theoretischen Einführung von zellulären Automaten sehen wir uns nun erste Beispiele an.

1.4.1 Elementarer zellulärer Automat

Wir untersuchen den *elementaren zellulären Automaten*, welcher ursprünglich von Stephen Wolfram in Wolfram (1983) veröffentlicht wurde und häufig als der einfachste nichttriviale zelluläre Automat bezeichnet wird.

Es handelt sich beim elementaren zellulären Automaten um ein eindimensionales Spielfeld **1** bestehend aus n Pixeln. Jedes Pixel kann zwei Zustände **2** einnehmen, Pixel nicht besetzt (q_1) und Pixel besetzt (q_2), s. Tab. 1.1. Pixel, die nicht besetzt sind, werden wir in Hellgrau darstellen und Pixel, die besetzt sind, in Schwarz.

Weiterhin wählen wir eine 1-Nachbarschaft **3**, sodass die Nachbarschaft jeden Pixels aus drei Pixeln besteht, s. Abb. 1.3a. Als Nächstes müssen wir eine Beschreibung der Schritte angeben und verwenden dazu Regeln vom Typ **(1)**, s. Abschn. 1.2.4.

Da in diesem Beispiel jedes Pixel nur zwei Zustände annehmen kann und jede Nachbarschaft aus drei Pixeln besteht, gibt es nur $2^3 = 8$ mögliche Regeln, die einen Schritt eindeutig beschreiben. Tabelle 1.2 zeigt diese acht Regeln **4**. Auf der linken Seite wird jeweils die Nachbarschaft eines Pixels x_i zum Zeitpunkt t_k gezeigt. Der Zustand des Pixels x_i zum folgenden Zeitpunkt t_{k+1} ist schließlich auf der rechten Seite dargestellt. Unabhängig von Tab. 1.2 hätte man die Regeln in Worten auch folgendermaßen formulieren können:

> Das Pixel x_i ist zum Zeitpunkt t_{k+1} genau dann besetzt, wenn zum Zeitpunkt t_k genau eines der beiden Pixel links und rechts von x_i besetzt ist.

Neben den eindeutigen Regeln ist ein Schritt aber erst dann vollständig beschrieben, nachdem Randbedingungen festgelegt wurden. Wir wählen an dieser Stelle periodische Randbedingungen **5**, s. Abschn. 1.3.2, sodass damit jeder Schritt eindeutig festgelegt ist.

Als erstes Beispiel betrachten wir ein Spielfeld bestehend aus $n = 15$ Pixeln. Die Startkonfiguration **6** bzw. Startgeneration G_0 sei so gewählt, dass alle Pixel bis auf das mittlere Pixel x_8 nicht besetzt sind. In Abb. 1.7 sind nach Anwendung der zuvor beschriebenen Regeln die ersten sieben Schritte, also die Generationen G_1 bis G_7, in der *Pixel-Zustands-Ansicht*

Tab. 1.2 Übersicht aller Regeln im elementaren zellulären Automaten

Nachbarschaft von x_i zum Zeitpunkt t_k		Zustand von x_i zum Zeitpunkt t_{k+1}
□ □ □	→	□
□ □ ■	→	■
□ ■ □	→	□
□ ■ ■	→	■
■ □ □	→	■
■ □ ■	→	□
■ ■ □	→	■
■ ■ ■	→	□

dargestellt. Dabei ist die Abbildung so zu verstehen, dass das Spielfeld zum Zeitpunkt t_k der Zeile $k + 1$ entspricht. Die erste Zeile entspricht somit der Startkonfiguration G_0, die zweite Zeile entspricht der Generation G_1 und so weiter.

In Abb. 1.8 ist das gleiche Beispiel nochmals dargestellt, nun allerdings mit einem 801 Pixel großen Spielfeld.

Abb. 1.7 Veranschaulichung des elementaren zellulären Automaten auf einem Spielfeld mit $n = 15$ Pixeln. In der ersten Zeile ist die Startkonfiguration G_0 zu sehen, in der nur ein Pixel besetzt ist. Durch Anwendung der in Tab. 1.2 beschriebenen Regeln ergeben sich die Generationen G_1 bis G_7 in den Zeilen 2 bis 8

Abb. 1.8 Veranschaulichung des elementaren zellulären Automaten auf einem Spielfeld mit $n = 801$ Pixeln. Dargestellt sind die ersten 400 Generationen

An dieser Stelle sei darauf hingewiesen, dass es sich bislang um einen rein deterministischen zellulären Automaten handelt. Weder bei der Durchführung eines Schrittes noch bei der Startkonfiguration spielte der Zufall eine Rolle.

Weiterhin lassen sich die Regeln aus Tab. 1.2 natürlich beliebig variieren, wir werden es aber zunächst bei diesem einen Beispiel belassen.

1.4.2 Eindimensionales Universum

Nun wollen wir den elementaren zellulären Automaten ein wenig erweitern, um die Entstehung des Lebens auf der Erde nach dem Urknall so einfach wie möglich zu simulieren. Daher wird das folgende Beispiel auch als *eindimensionales Universum* bezeichnet.

Wieder untersuchen wir ein eindimensionales Spielfeld 1️⃣ mit periodischen Randbedingungen 5️⃣ sowie der Zustandsmenge 2️⃣ aus Tab. 1.1, wobei ein besetztes Pixel die Anwesenheit eines Lebewesens veranschaulicht. Anders als zuvor wählen wir nun eine 2-Nachbarschaft 3️⃣, s. Abb. 1.3b.

Die Schritte von einer bestehenden Generation zur folgenden Generation lassen sich durch eine einzige Regel 4️⃣ vom Typ (**1**) erklären:

Wenn entweder zwei oder vier Pixel aus der Nachbarschaft von x_i besetzt sind, dann ist x_i in der folgenden Generation besetzt, ansonsten nicht.

Tabelle 1.3 veranschaulicht diese Regel exemplarisch an einigen Beispielen.

Tab. 1.3 Beispiele der Regel im eindimensionalen Universum

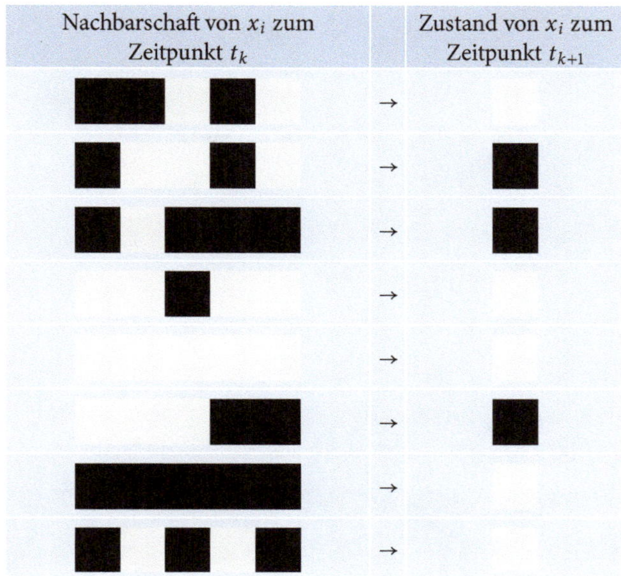

In Abb. 1.9 sind sechs Beispiele des eindimensionalen Universums auf einem 400 Pixel großen Spielfeld veranschaulicht, bei denen die Startkonfiguration 6 ⏻ jeweils nach folgendem Prinzip zufällig ermittelt wurde: Jedes Pixel der Generation G_0 ist mit einer Wahrscheinlichkeit von $\frac{1}{2}$ besetzt bzw. nicht besetzt.

Wie zuvor auch ist die Startkonfiguration G_0 in der jeweils obersten Zeile zu finden. Die folgenden Generationen sind chronologisch von oben nach unten angeordnet. Wie Abb. 1.9 zu entnehmen ist, entwickeln sich abhängig von der zufälligen Startkonfiguration äußerst interessante und vielseitige Strukturen.

1.4.3 Einfluss von Randbedingungen

Abschließend wollen wir am Beispiel des eindimensionalen Universums den Einfluss der Randbedingungen verdeutlichen. Zur wieder zufällig generierten, aber exakt identischen Startkonfiguration berechnen wir das eindimensionale Universum einmal mit abgeschlossenen und einmal mit periodischen Randbedingungen 5 ▦, s. Abschn. 1.3.2.

Ein Beispiel hierzu kann Abb. 1.10 entnommen werden. Es ist zu erkennen, dass die Wahl der Randbedingungen schon in diesem sehr einfachen Modell einen recht großen Einfluss auf die gesamte Simulation nehmen kann. Daher ist es bei der Modellierung mit zellulären Automaten äußerst wichtig, sich über Randbedingungen Gedanken zu machen.

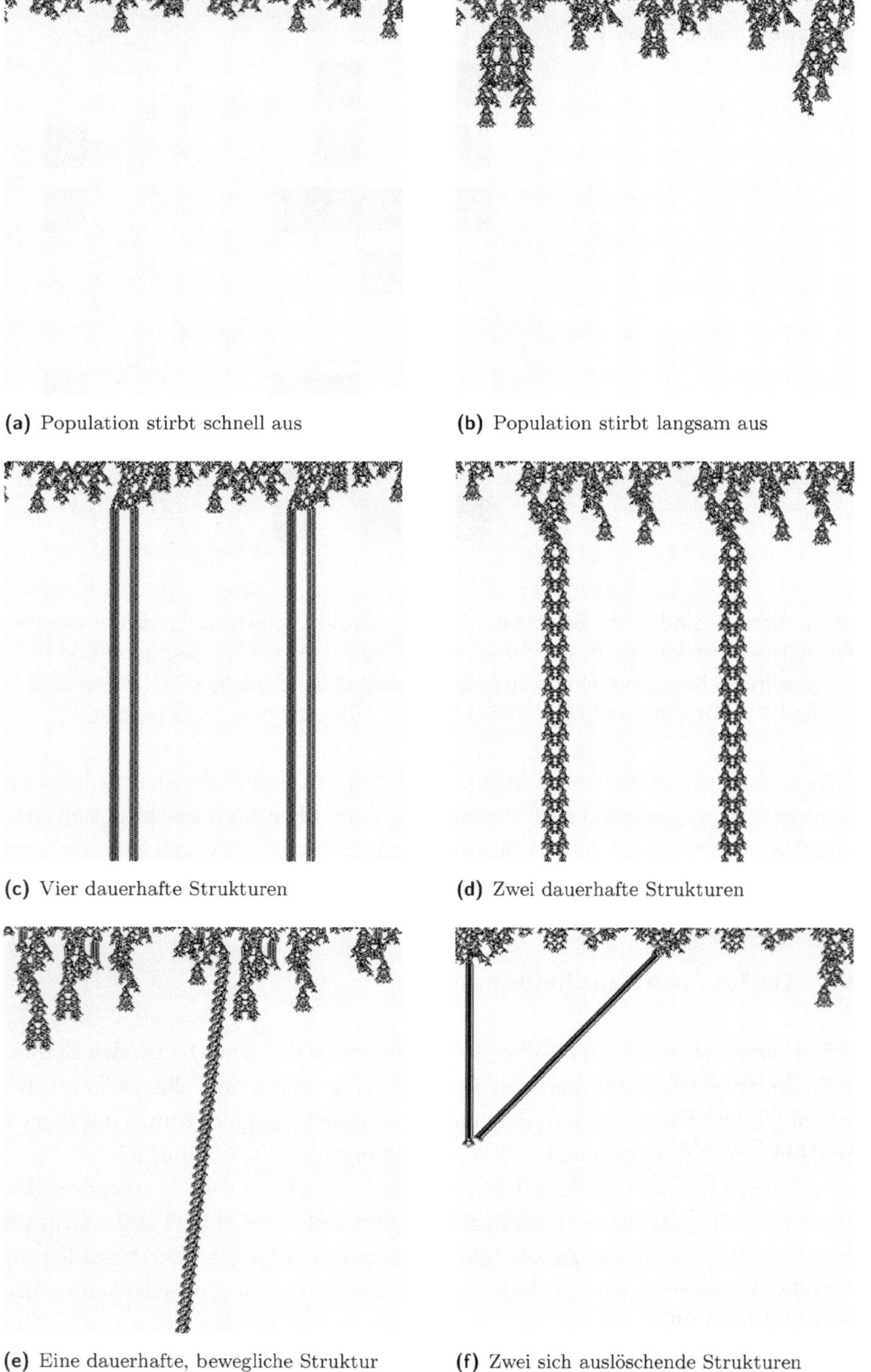

(a) Population stirbt schnell aus

(b) Population stirbt langsam aus

(c) Vier dauerhafte Strukturen

(d) Zwei dauerhafte Strukturen

(e) Eine dauerhafte, bewegliche Struktur

(f) Zwei sich auslöschende Strukturen

Abb. 1.9 Beispiele zum eindimensionalen Universum auf einem 400 Pixel großen Spielfeld mit unterschiedlichen und zufälligen Startkonfigurationen. Zu sehen sind jeweils die ersten 400 Generationen, wobei die Startkonfiguration jeweils der obersten Zeile entspricht. In den Beispielen (**a**) und (**b**) stirbt die Population aus, jedoch unterschiedlich schnell. In (**c**) bis (**e**) erhalten wir Strukturen, die dauerhaft bestehen bleiben. Zu bemerken ist, dass sich im Beispiel (**e**) eine bewegliche Struktur gebildet hat. In (**f**) haben wir den Sonderfall, dass sich zwei Strukturen gegenseitig auslöschen, obwohl beide Strukturen für sich alleine betrachtet dauerhaft überlebt hätten

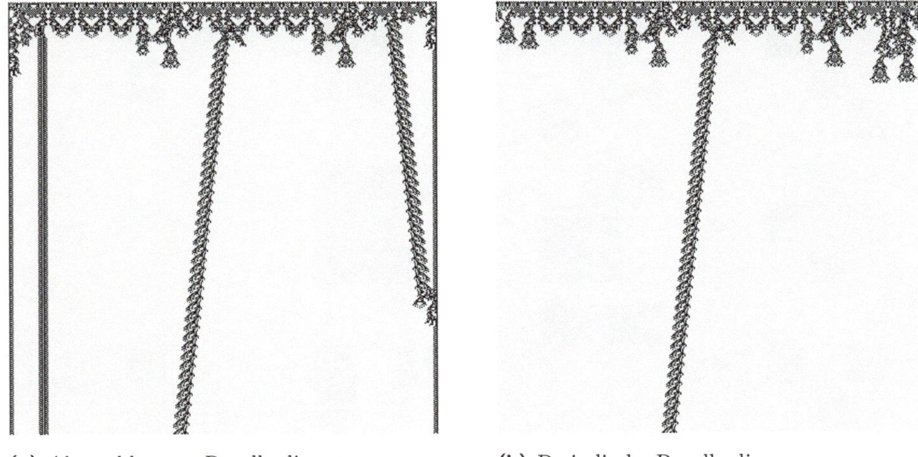

(**a**) Abgeschlossene Randbedingungen   (**b**) Periodische Randbedingungen

Abb. 1.10 Beispiel zum Einfluss von Randbedingungen beim eindimensionalen Universum. Zur exakt identischen Startgeneration in der jeweils obersten Zeile im Bild wurde die Simulation einmal mit (**a**) abgeschlossenen Randbedingungen und einmal mit (**b**) periodischen Randbedingungen durchgeführt

1.5 Game of Life

Neben dem eindimensionalen Universum möchten wir in diesem Abschnitt noch einen zweidimensionalen zellulären Automaten vorstellen, das *Game of Life* oder *Spiel des Lebens*. Wie der Name schon sagt, handelt es sich dabei wieder um eine Simulation zur Entwicklung des Lebens. Vorgeschlagen wurde das Modell von Conway und veröffentlicht in Gardner (1970). Mit der Zeit wurden neben unzähligen Varianten und Verallgemeinerungen auch theoretische Ergebnisse zum Game of Life präsentiert, wie sie z. B. in Adamatzky (2010) zusammengefasst wurden. Wir beschränken uns in diesem Abschnitt aber auf das einfachste und grundlegende Modell.

Wieder besteht die Zustandsmenge aus den zwei Zuständen der Tab. 1.1, also Pixel besetzt und Pixel nicht besetzt. Als Nachbarschaft wählen wir die Moore-Nachbarschaft aus Abb. 1.4b, welche genau neun Pixel enthält. Weiterhin untersuchen wir periodische Randbedingungen.

Tab. 1.4 Beispiele der Regeln im Game of Life. Dargestellt sind jeweils drei mögliche Nachbarschaften von x_{ij} zum Zeitpunkt t_k, die im folgenden Schritt t_{k+1} zu einem leeren oder besetzten Pixel x_{ij} führen. Dabei ist x_{ij} zum Zeitpunkt t_k jeweils das mittlere Pixel

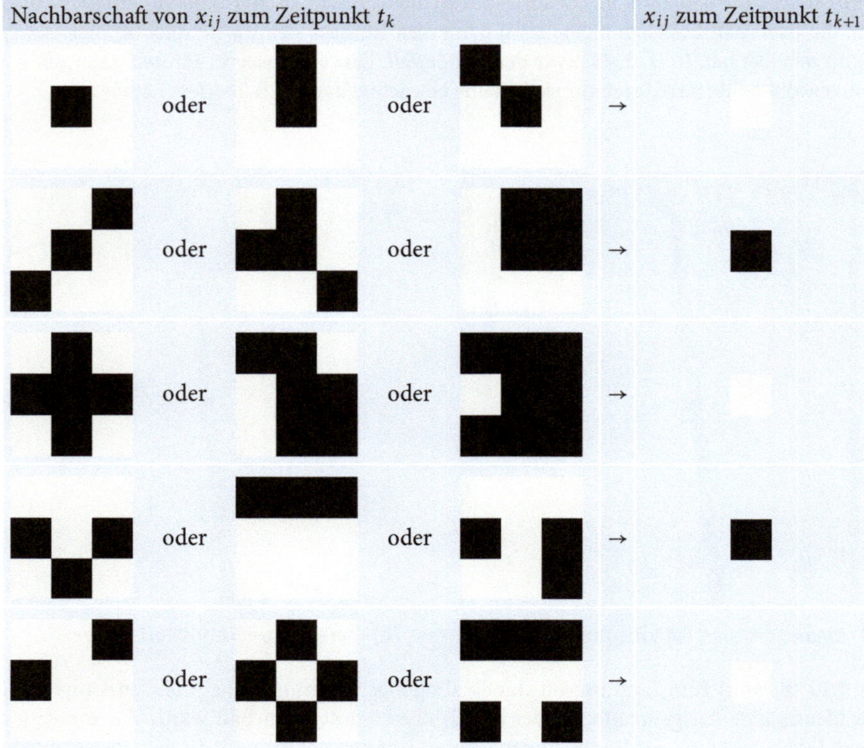

Die Regeln 4 zur Definition eines Schrittes lassen sich durch folgende Fallunterscheidung beschreiben:

1. Wenn x_{ij} besetzt ist und in der Nachbarschaft von x_{ij} (inklusive x_{ij} selbst) weniger als drei der neun möglichen Pixel besetzt sind, dann stirbt auch x_{ij} aufgrund einer Unterbevölkerung aus, sodass x_{ij} in der folgenden Generation nicht besetzt ist, s. Zeile 1 in Tab. 1.4.
2. Wenn x_{ij} besetzt ist und in der Nachbarschaft von x_{ij} (inklusive x_{ij} selbst) drei oder vier der neun möglichen Pixel besetzt sind, dann überlegt x_{ij}, sodass x_{ij} auch in der folgenden Generation besetzt ist, s. Zeile 2 in Tab. 1.4.
3. Wenn x_{ij} besetzt ist und in der Nachbarschaft von x_{ij} (inklusive x_{ij} selbst) mehr als vier der neun möglichen Pixel besetzt sind, dann stirbt auch x_{ij} aufgrund einer Überbevölkerung aus, sodass x_{ij} in der folgenden Generation nicht besetzt ist, s. Zeile 3 in Tab. 1.4.

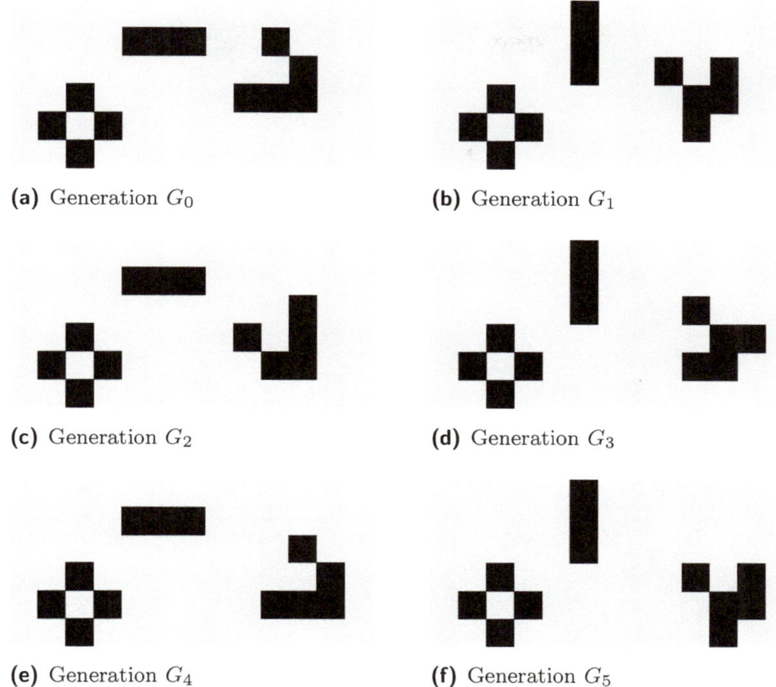

(a) Generation G_0

(b) Generation G_1

(c) Generation G_2

(d) Generation G_3

(e) Generation G_4

(f) Generation G_5

Abb. 1.11 Veranschaulichung der Regeln im Game of Life auf einem zweidimensionalen Spielfeld mit 6×13 Pixel. Gezeigt sind die Startkonfiguration und die ersten fünf Generationen, die sich durch Anwendung der Regeln ergeben

4. Wenn x_{ij} nicht besetzt ist und in der Nachbarschaft von x_{ij} genau drei der neun möglichen Pixel besetzt sind, dann wird ein neues Individuum reproduziert, sodass x_{ij} in der folgenden Generation besetzt ist, s. Zeile 4 in Tab. 1.4.
5. Wenn x_{ij} nicht besetzt ist und in der Nachbarschaft von x_{ij} mehr oder weniger als drei der neun möglichen Pixel besetzt sind, dann passiert nichts, sodass x_{ij} auch in der folgenden Generation nicht besetzt ist, s. Zeile 5 in Tab. 1.4.

Es sei bemerkt, dass für alle Pixel stets genau einer dieser fünf Fälle auftritt, sodass die Schritte wohldefiniert sind.

Zur weiteren Veranschaulichung der Regeln kann in Abb. 1.11 ein Beispiel auf einem 6×13 Pixel großen Spielfeld entnommen werden. In Abb. 1.11a ist die Startkonfiguration 6 ⏻, also Generation G_0, zu finden. Nach Durchführung der ersten Schritte werden die folgenden fünf Generationen gezeigt.

Wie wir Abb. 1.11 zudem entnehmen können, bilden sich Strukturen mit unterschiedlichen Eigenschaften:

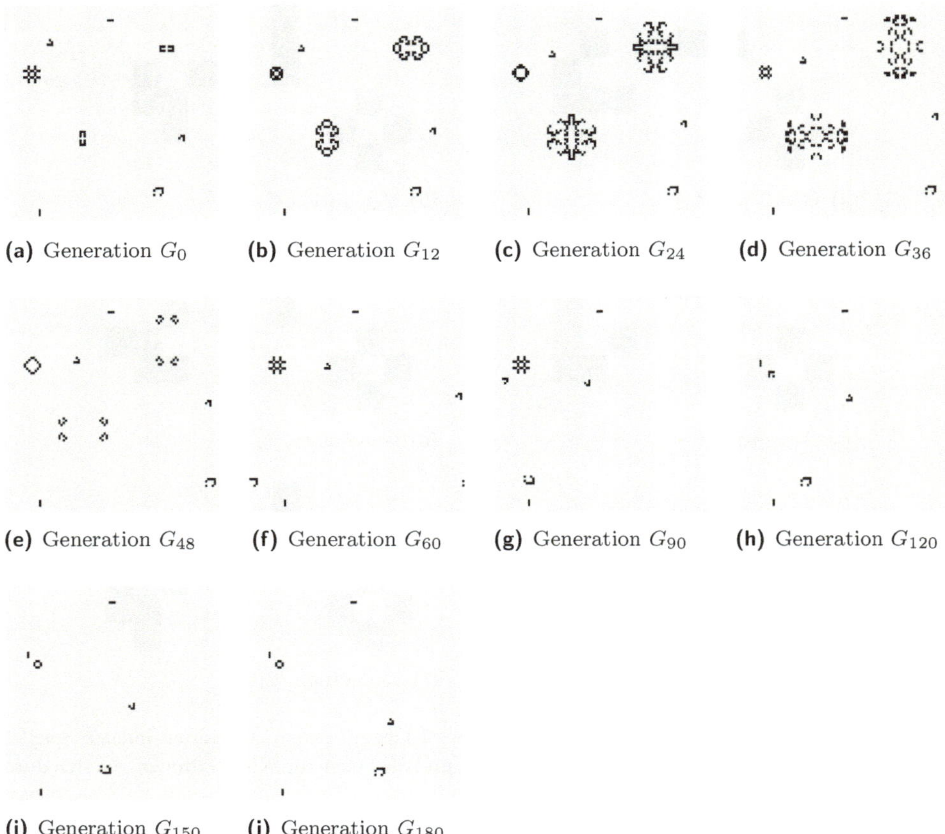

(a) Generation G_0 (b) Generation G_{12} (c) Generation G_{24} (d) Generation G_{36}

(e) Generation G_{48} (f) Generation G_{60} (g) Generation G_{90} (h) Generation G_{120}

(i) Generation G_{150} (j) Generation G_{180}

Abb. 1.12 Beispiel zum Game of Life auf einem zweidimensionalen Spielfeld mit 100×100 Pixeln und einer künstlich erzeugten Startkonfiguration, s. (**a**). Es ergeben sich unterschiedliche Strukturen, von denen einige zunächst stark wachsen, später allerdings aussterben, s. (**b**) bis (**j**). Andere Strukturen sind statisch, oszillierend oder dynamisch

1. Es entstehen *statische Strukturen*, die von Generation zu Generation unverändert bleiben. Eine solche Struktur ist im Spielfeld in Abb. 1.11 in der linken Spielfeldhälfte zu finden.
2. Zudem gibt es *oszillierende Strukturen*, s. mittlere Spielfeldhälfte in Abb. 1.11. Im Beispiel handelt es sich um eine Struktur, die alle zwei Generationen identisch ist. Es sind auch andere oszillierende Strukturen möglich, die sich jeweils nach einer größeren Anzahl von Schritten wiederholen.
3. Weiterhin entstehen *dynamische Strukturen* oder *Gleiter*. Auch dies sind Strukturen, die sich nach einer bestimmten Anzahl von Schritten wiederholen, allerdings nicht an der gleichen Stelle wie zuvor. Ein Beispiel eines Gleiters bestehend aus fünf Pixeln mit einer *Periode* von vier Generationen ist in der rechten Spielfeldhälfte zu finden. Die

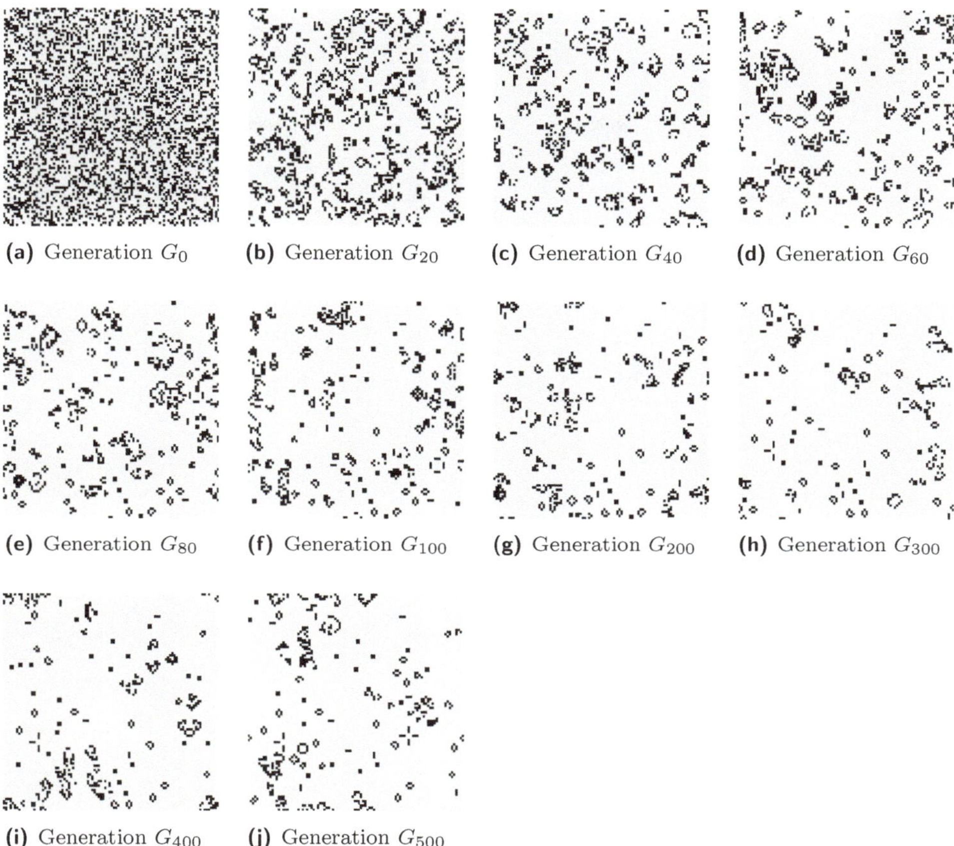

(a) Generation G_0 **(b)** Generation G_{20} **(c)** Generation G_{40} **(d)** Generation G_{60}

(e) Generation G_{80} **(f)** Generation G_{100} **(g)** Generation G_{200} **(h)** Generation G_{300}

(i) Generation G_{400} **(j)** Generation G_{500}

Abb. 1.13 Beispiel zum Game of Life auf einem zweidimensionalen Spielfeld mit 100×100 Pixeln. In (**a**) wurde eine zufällige Startkonfiguration erzeugt, bei der jedes Pixel mit einer Wahrscheinlichkeit von $\frac{1}{3}$ besetzt und dementsprechend mit einer Wahrscheinlichkeit von $\frac{2}{3}$ nicht besetzt ist. Einige folgende Generationen sind in (**b**) bis (**j**) dargestellt

Struktur in Abb. 1.11b ist z. B. identisch mit der Struktur in Abb. 1.11f, allerdings hat sich die gesamte Struktur im Spielfeld verschoben.

Als weiteres Beispiel zum Game of Life haben wir auf einem zweidimensionalen Spielfeld mit 100×100 Pixeln die Startkonfiguration aus Abb. 1.12a gewählt. Es ist zu erkennen, dass sich neben den zuvor genannten Strukturen auch weitere Gebilde entwickeln, die zunächst wachsen, später allerdings aussterben.

Ein letztes Beispiel ist Abb. 1.13 zu entnehmen. Die Startkonfiguration wurde hier zufällig generiert, sodass jedes Pixel mit einer Wahrscheinlichkeit von $\frac{1}{3}$ besetzt ist. Zu beobachten ist, dass die Anzahl der Individuen, also die Anzahl der besetzten Pixel, zunächst abnimmt, zu späteren Zeitpunkten allerdings stabil zu sein scheint.

Waldbrandmodell

2

Zusammenfassung

Ein sehr schönes Beispiel zur Anwendung von zellulären Automaten ist die Modellierung und Simulation von Waldbränden. Wie wir in Abschn. 2.2 vorstellen werden, benötigt das Waldbrandmodell in seiner einfachsten Form nur die drei Zustände Baum, Feuer und Asche. Dabei gehen wir auch in Form einer algorithmischen Beschreibung darauf ein, wie die nachfolgende Beispielsimulation in Abschn. 2.3 berechnet wurde. In Abschn. 2.4 untersuchen wir den Einfluss zweier Parameter im Modell, nämlich das Baumwachstum und den Blitzeinschlag. Wir werden sehen, dass die Werte dieser Parameter überraschenderweise nur wenig Einfluss auf den Anteil der Bäume im Spielfeld haben. Um weitere Simulationsmöglichkeiten bieten zu können, präsentieren wir in Abschn. 2.5 eine Erweiterung des grundlegenden Modells mit einer abschließenden Beispielsimulation in Abschn. 2.6.

2.1 Einleitung

Das *Waldbrandmodell*, welches wir in diesem Kapitel vorstellen, dient zur Simulation der Ausbreitung von Waldbränden. Ein zweidimensionales Spielfeld repräsentiert dabei einen Wald und auf jedes Pixel kann ein Baum wachsen. Ausgelöst werden kann ein Waldbrand durch einen zufälligen Blitzeinschlag, der ein Feuer verursacht und welches anschließend auf benachbarte Bäume bzw. Pixel übergreifen kann.

Vorgestellt wurde das Waldbrandmodell in jeweils ähnlicher Form von Bak et al. (1990), Chen et al. (1990) und Drossel und Schwabl (1992). Das Bemerkenswerte daran ist, dass es – wie auch die meisten Modelle in den folgenden Kapiteln – eine *selbstorganisierte Kritikalität* aufweist. Dies bedeutet im Wesentlichen, dass sich mit der Zeit ein kritisches, aber stabiles Gleichgewicht einstellt, welches sich durch gewisse Simulationsparameter steuern lässt. Im Waldbrandmodell beispielsweise ergibt sich mit der Zeit eine relativ stabile

D. Scholz, *Pixelspiele*, DOI 10.1007/978-3-642-45131-7_2,
© Springer-Verlag Berlin Heidelberg 2014

Tab. 2.1 Übersicht der Parameter im Waldbrandmodell

α	Wahrscheinlichkeit, dass ein Baum wächst
γ	Wahrscheinlichkeit, dass ein Baum vom Blitz getroffen wird

mittlere Baumdichte. In frage gestellt wurde die selbstorganisierte Kritikalität im Waldbrandmodell jedoch durch Pruessner und Jensen (2002).

Unabhängig von der Diskussion über die selbstorganisierte Kritikalität stellen wir hier zunächst das einfachste Waldbrandmodell vor, welches durch zwei Parameter gesteuert wird, s. Tab. 2.1. Nach einer genauen Beschreibung des Modells im folgenden Abschnitt sowie einer anschließenden Beispielsimulation untersuchen wir den Einfluss dieser Parameter.

2.2 Beschreibung des Modells

Im Waldbrandmodell betrachten wir ein zweidimensionales Spielfeld 1 mit einer Von-Neumann-Nachbarschaft 3, s. Abschn. 1.3.1, auf dem Bäume wachsen und vom Blitz getroffen werden können. Genau diese beiden Ereignisse werden durch die Parameter α und γ kontrolliert, s. Tab. 2.1.

Bei der Wahl der Parameter ist darauf zu achten, dass γ im Vergleich zu α deutlich kleiner sein sollte, also

$$0 < \gamma \ll \alpha < 1.$$

2.2.1 Beschreibung der Zustände

Die Zustandsmenge 2 im einfachen Waldbrandmodell besteht aus den drei Zuständen Asche, Baum und Feuer, s. Tab. 2.2.

Asche entsteht, wenn ein Feuer erloschen ist. Bäume können auf Asche-Pixeln wachsen oder durch einen Nachbarn bzw. durch einen Blitzeinschlag Feuer fangen.

Tab. 2.2 Übersicht der Zustände im einfachen Waldbrandmodell

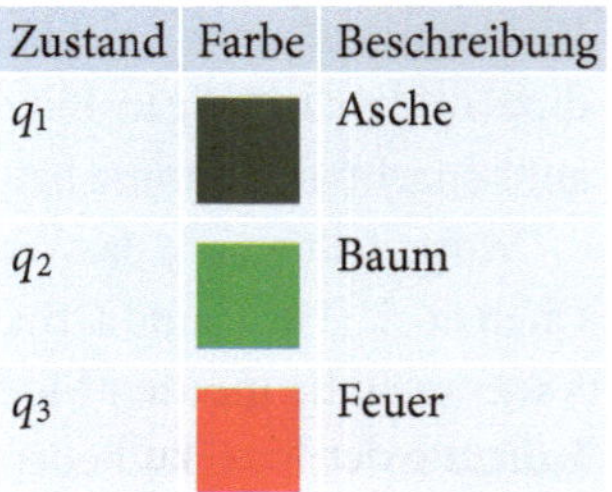

Zustand	Farbe	Beschreibung
q_1		Asche
q_2		Baum
q_3		Feuer

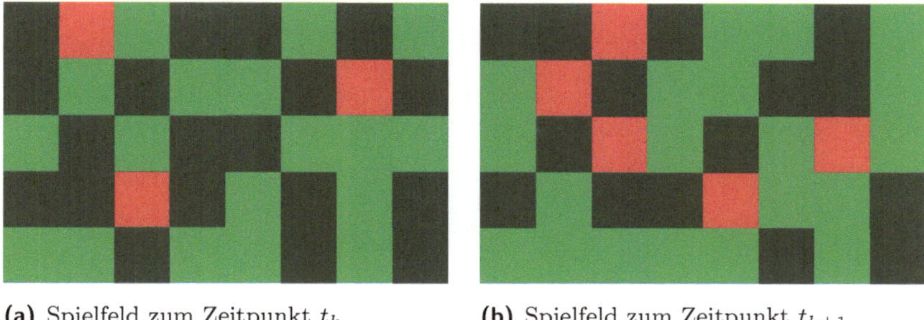

(a) Spielfeld zum Zeitpunkt t_k (b) Spielfeld zum Zeitpunkt t_{k+1}

Abb. 2.1 Beispiel der Regeln im einfachen Waldbrandmodell auf einem 5×8 Pixel-Ausschnitt eines Spielfeldes. Teil (**a**) zeigt das Spielfeld zum Zeitpunkt t_k und (**b**) zeigt das Spielfeld einen Schritt später, also zum Zeitpunkt t_{k+1}. Vier Bäume haben durch einen Nachbarn Feuer gefangen, ein Baum wurde vom Blitz getroffen und einige Bäume sind auf einem Asche-Pixel gewachsen

2.2.2 Beschreibung der Schritte

Ein Schritt 4⦾ im einfachen Waldbrandmodell wird durch Anwendung der folgenden Regeln auf alle Pixel x_{ij} im Spielfeld definiert:

1. Befindet sich x_{ij} im Zustand q_1 (Asche), dann wächst x_{ij} mit einer Wahrscheinlichkeit von α, sodass der Zustand von x_{ij} im folgenden Schritt q_2 (Baum) ist.
   Falls x_{ij} nicht wächst, dann passiert nichts, sodass der Zustand von x_{ij} auch im folgenden Schritt q_1 (Asche) ist.
2. Befindet sich x_{ij} im Zustand q_2 (Baum) und ist mindestens ein Pixel in der Nachbarschaft von x_{ij} im Zustand q_3 (Feuer), dann fängt auch x_{ij} Feuer, sodass der Zustand von x_{ij} im folgenden Schritt q_3 (Feuer) ist.
   Falls x_{ij} ein Baum ist und kein Feuer durch einen Nachbarn fängt, dann wird x_{ij} mit einer Wahrscheinlichkeit von γ von einem Blitz getroffen, sodass der Zustand von x_{ij} im folgenden Schritt auch hierbei q_3 (Feuer) ist.
   Falls x_{ij} ein Baum ist und weder durch einen Nachbarn noch durch einen Blitz Feuer fängt, dann passiert nichts, sodass der Zustand von x_{ij} auch im folgenden Schritt q_2 (Baum) ist.
3. Befindet sich x_{ij} im Zustand q_3 (Feuer), dann erlischt das Feuer, sodass der Zustand von x_{ij} im folgenden Schritt q_1 (Asche) ist.

In Abb. 2.1 ist ein Beispiel dieser Regeln veranschaulicht. Da der Zufall bei der Beschreibung der Schritte eine wesentliche Rolle spielt, ist in Abb. 2.1b natürlich nur eine mögliche Belegung der Pixel zum Zeitpunkt t_{k+1} dargestellt.

Frage 2.1

?! Wie lassen sich die Regeln erweitern, falls beispielsweise ein konstanter Wind in Nord-Süd-Richtung vorhanden ist?

2.2.3 Formulierung als Algorithmus

In den folgenden Simulationen des Waldbrandmodells verwenden wir jeweils abgeschlossene Randbedingungen **5** ▦. Die Startkonfiguration **6** ⟳ wird so gewählt, dass alle Pixel durch Asche belegt sind. Damit müssen zunächst Bäume wachsen, bevor ein Feuer ausbrechen kann. Algorithmus 2.1 fasst das Waldbrandmodell algorithmisch zusammen.

Frage 2.2

?! Mache dir Gedanken, warum abgeschlossene Randbedingungen verwendet wurden. Wären im Waldbrandmodell auch periodische Randbedingungen sinnvoll?

Algorithnmus 2.1 Zellulärer Automat zum Waldbrandmodell
(1) Wähle ein zweidimensionales Spielfeld der Größe $m \times n$ sowie die Wahrscheinlichkeiten α und γ. Setze $k = 0$.
(2) Erzeuge eine Startkonfiguration zum Zeitpunkt t_0, die nur aus Asche besteht.
(3) Führe, wie zuvor beschrieben, einen Schritt durch.
(4) Setze $k = k + 1$ und speichere das Spielfeld zum Zeitpunkt t_k als Generation G_k.
(5) Gehe zu Schritt (3) oder beende, falls k eine zuvor definierte Grenze überschritten hat.

2.3 Beispielsimulation

Als erstes Beispiel im Waldbrandmodell untersuchen wir ein 200×200 Pixel großes Spielfeld. Als Parameter bzw. Wahrscheinlichkeiten definieren wir

$$\alpha = 0{,}01 \quad \text{und} \quad \gamma = 0{,}000005 \,.$$

Abbildung 2.2 zeigt ausgewählte Generationen einer Simulation unter diesen Bedingungen.

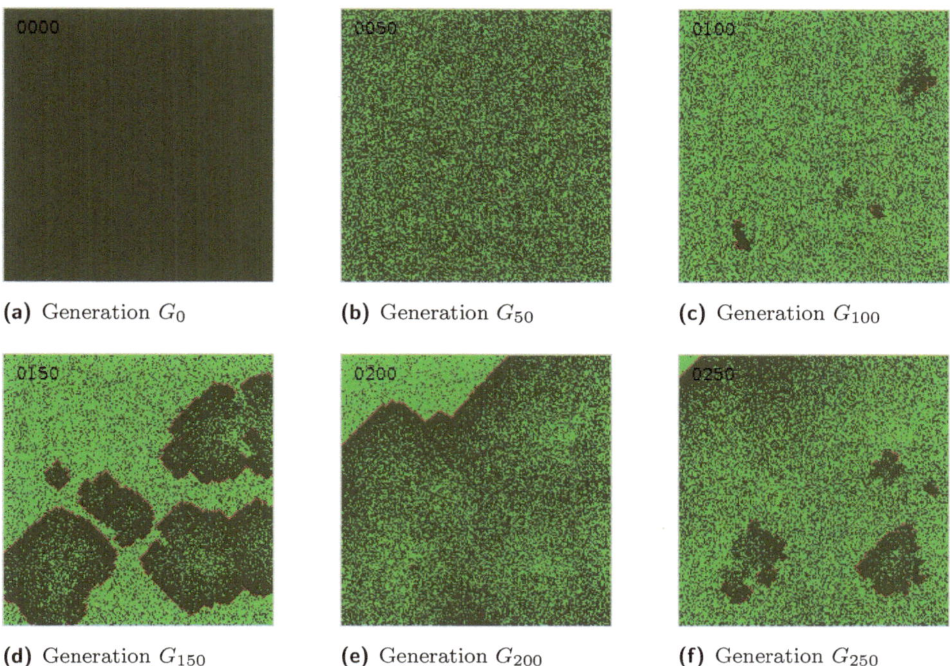

(a) Generation G_0 **(b)** Generation G_{50} **(c)** Generation G_{100}

(d) Generation G_{150} **(e)** Generation G_{200} **(f)** Generation G_{250}

Abb. 2.2 Beispiel zum einfachen Waldbrandmodell auf einem zweidimensionalen Spielfeld mit 200×200 Pixeln. Auf der Asche in (**a**) müssen zunächst Bäume wachsen, damit Feuer durch einen Blitzeinschlag ausbrechen kann. 50 Schritte später in (**b**) ist ein kleiner Brandherd zu sehen, der sich jedoch noch nicht richtig ausbreiten kann, da weiterhin zu wenig Bäume vorhanden sind. Erst etwa ab G_{100} in (**c**) sind genügend Bäume im Spiel, sodass sich die Feuer ausbreiten können, s. auch (**d**) bis (**f**). Hinter einer Feuerfront bleibt zunächst Asche zurück, aus welcher mit der Zeit wieder Bäume wachsen

2.4 Selbstorganisierte Kritikalität

Im Beispiel zuvor haben wir gesehen, dass nach einem Brand zunächst Bäume nachwachsen müssen, bevor sich weitere Brände ausbreiten können. Wir wollen nun die selbstorganisierte Kritikalität bzw. den Einfluss der Parameter α und γ genauer untersuchen.

Dazu führen wir exakt die gleiche Simulation wie in Abschn. 2.3 nochmals durch, nun aber auf einem 800×800 Pixel großen Spielfeld, damit die folgenden Ergebnisse noch deutlicher sichtbar werden. In Abb. 2.3 wurde zu den ersten 2000 Generation jeweils die Anzahl der Bäume im Vergleich zur Anzahl aller Pixel im Spielfeld aufgetragen. Es ist gut zu erkennen, dass nach einer gewissen Zeit eine mehr oder weniger konstante Anzahl von Bäumen im Spielfeld vorhanden ist, sodass dauerhaft etwa 43 % der Pixel im Spielfeld Bäume sind.

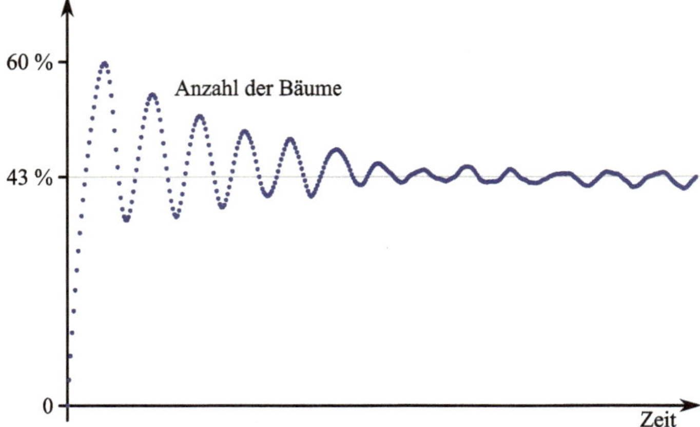

Abb. 2.3 Zur Simulation auf einem 800×800 Pixel großen Spielfeld mit den Parametern $\alpha = 0{,}01$ und $\gamma = 0{,}000005$ wurde die zeitliche Entwicklung des Anteils der Bäume im Spielfeld aufgetragen. Es ist zu erkennen, dass dieser Prozentsatz nach einem gewissen Einschwingvorgang mit 43 % recht stabil bleibt

Tab. 2.3 Anteil der Bäume im Spielfeld in Abhängigkeit von α und γ, der jeweils nach dem Einschwingvorgang entstanden ist

	$\gamma = 0{,}000005$	$\gamma = 0{,}000050$	$\gamma = 0{,}000100$	$\gamma = 0{,}005000$
$\alpha = 0{,}01$	43 %	40 %	38 %	25 %
$\alpha = 0{,}02$	43 %	43 %	42 %	33 %
$\alpha = 0{,}10$	41 %	41 %	41 %	36 %
$\alpha = 0{,}20$	39 %	39 %	39 %	37 %

Frage 2.3

?! Warum ist die selbstorganisierte Kritikalität auf einem größeren Spielfeld deutlicher zu erkennen als auf kleinen Spielfeldern?

Auch für andere Werte von α und γ kann beobachtet werden, dass nach einem Einschwingvorgang ein stabiler Anteil von Bäumen entsteht, s. Tab. 2.3. Ein 100×100 Pixel großer Ausschnitt des Spielfeldes nach 2000 Generationen dieser insgesamt 16 Simulationen kann Abb. 2.4 entnommen werden.

Obwohl die Werte für α und γ sehr stark variieren, ist der Anteil der Bäume im Spielfeld bei allen Simulationen erstaunlich ähnlich. Wie Abb. 2.4 zudem entnommen werden kann, entstehen für kleinere Werte von α eher großflächige Brände, die sich rasch ausbreiten. Bei größeren Werten von α wachsen die Bäume sehr viel schneller nach, und es ergeben sich eher kleine Brandherde.

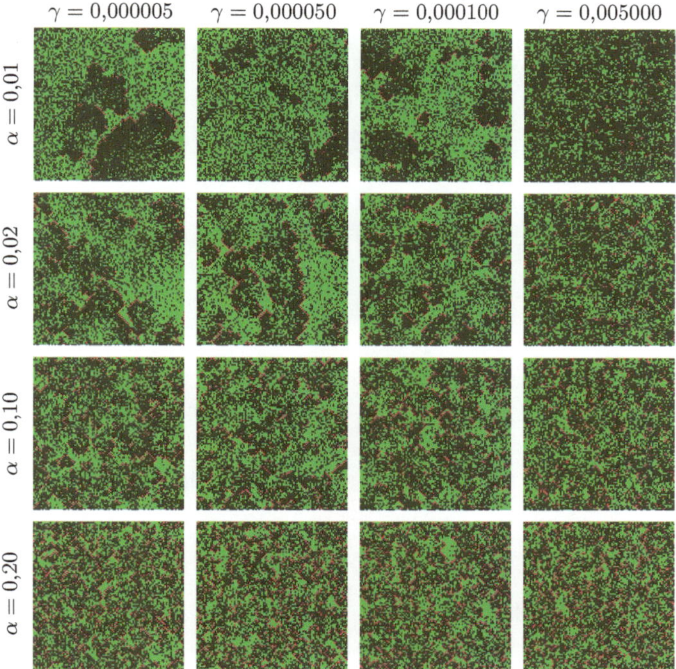

Abb. 2.4 Dargestellt ist jeweils ein 100 × 100 Pixel großer Ausschnitt des Spielfeldes nach jeweils 2000 Generationen bei einer Simulation in Abhängigkeit von α und γ

Tab. 2.4 Übersicht der Parameter im erweiterten Waldbrandmodell

α	Wahrscheinlichkeit, dass ein Baum wächst
β	Wahrscheinlichkeit, dass ein Feuer übergreift
γ	Wahrscheinlichkeit, dass ein Baum vom Blitz getroffen wird

2.5 Erweitertes Modell

In diesem Abschnitt wollen wir das einfache Waldbrandmodell erweitern und führen einen weiteren Parameter β ein, der eine Wahrscheinlichkeit für das Übergreifen eines Feuers beschreibt. Tabelle 2.4 zeigt als Übersicht die nun insgesamt drei Parameter im erweiterten Waldbrandmodell.

2.5.1 Beschreibung der Zustände

Für realitätsnahe Simulationen ist es zudem sinnvoll, die Zustandsmenge zu erweitern. Tabelle 2.5 zeigt eine Übersicht der nun sieben Zustände 2.

Tab. 2.5 Übersicht der Zustände im erweiterten Waldbrandmodell

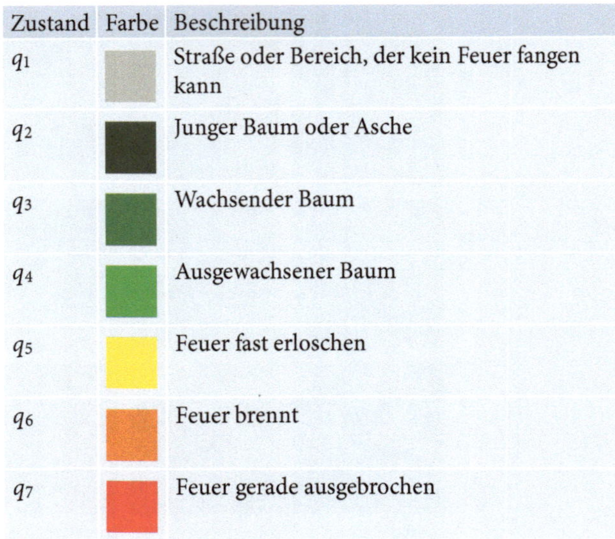

Zustand	Farbe	Beschreibung
q_1		Straße oder Bereich, der kein Feuer fangen kann
q_2		Junger Baum oder Asche
q_3		Wachsender Baum
q_4		Ausgewachsener Baum
q_5		Feuer fast erloschen
q_6		Feuer brennt
q_7		Feuer gerade ausgebrochen

2.5.2 Beschreibung der Schritte

Beim erweiterten Waldbrandmodell wenden wir schließlich die folgenden Regeln 4●● auf alle Pixel x_{ij} im Spielfeld ab:

1. Befindet sich x_{ij} im Zustand q_1 (und ist damit eine Straße), dann passiert nichts, sodass der Zustand von x_{ij} auch im folgenden Schritt q_1 ist.
2. Befindet sich x_{ij} im Zustand q_2 (und ist damit ein junger Baum), dann wächst x_{ij} mit einer Wahrscheinlichkeit von α, sodass der Zustand im folgenden Schritt q_3 ist.
   Falls x_{ij} nicht wächst, dann passiert nichts, sodass der Zustand von x_{ij} auch im folgenden Schritt q_2 ist.
3. Befindet sich x_{ij} im Zustand q_3 (und ist damit ein wachsender Baum), dann wächst x_{ij} mit einer Wahrscheinlichkeit von α, sodass der Zustand im folgenden Schritt q_4 ist.
   Falls x_{ij} nicht wächst und mindestens ein Pixel in der Nachbarschaft von x_{ij} brennt (sich also im Zustand q_5, q_6 oder q_7 befindet), dann fängt auch x_{ij} mit einer Wahrscheinlichkeit von β Feuer, sodass der Zustand im folgenden Schritt q_7 ist.
   Falls x_{ij} weder wächst noch durch einen Nachbarn Feuer fängt, dann wird x_{ij} mit einer Wahrscheinlichkeit von γ von einem Blitz getroffen, sodass der Zustand im folgenden Schritt q_7 ist.
   Falls x_{ij} weder wächst noch durch einen Nachbarn oder Blitz Feuer fängt, dann passiert nichts, sodass der Zustand von x_{ij} auch im folgenden Schritt q_3 ist.
4. Befindet sich x_{ij} im Zustand q_4 (und ist damit ein ausgewachsener Baum) und brennt mindestens ein Pixel in der Nachbarschaft von x_{ij} (befindet sich also im Zustand q_5, q_6 oder q_7), dann fängt auch x_{ij} mit einer Wahrscheinlichkeit von β Feuer, sodass der Zustand im folgenden Schritt q_7 ist.

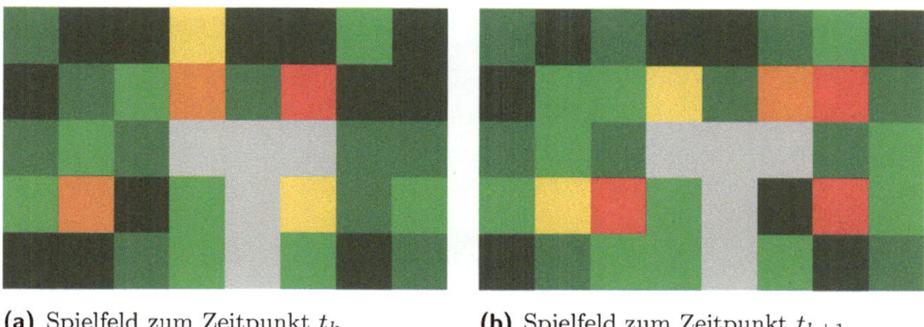

(**a**) Spielfeld zum Zeitpunkt t_k (**b**) Spielfeld zum Zeitpunkt t_{k+1}

Abb. 2.5 Beispiel der Regeln im erweiterten Waldbrandmodell auf einem 5×8 Pixel-Ausschnitt eines Spielfeldes. Teil (**a**) zeigt das Spielfeld zum Zeitpunkt t_k und (**b**) zeigt das Spielfeld einen Schritt später, also zum Zeitpunkt t_{k+1}. Drei Bäume haben Feuer gefangen, einige Bäume sind gewachsen und zwei Feuer sind erloschen

Falls x_{ij} kein Feuer durch einen Nachbarn fängt, dann wird x_{ij} mit einer Wahrscheinlichkeit von γ von einem Blitz getroffen, sodass der Zustand im folgenden Schritt q_7 ist.

Falls x_{ij} kein Feuer durch einen Nachbarn oder Blitz fängt, dann passiert nichts, sodass der Zustand von x_{ij} auch im folgenden Schritt q_4 ist.

5. Befindet sich x_{ij} im Zustand q_5 (und ist damit ein fast erloschenes Feuer), dann erlischt das Feuer vollständig und es bleibt ein junger Baum zurück, sodass der Zustand von x_{ij} im folgenden Schritt q_2 ist.
6. Befindet sich x_{ij} im Zustand q_6 (und ist damit ein brennendes Feuer), dann bleibt ein fast erloschenes Feuer zurück, sodass der Zustand von x_{ij} im folgenden Schritt q_5 ist.
7. Befindet sich x_{ij} im Zustand q_7 (und ist damit ein gerade ausgebrochenes Feuer), dann bleibt ein brennendes Feuer zurück, sodass der Zustand von x_{ij} im folgenden Schritt q_6 ist.

Ein Beispiel hierzu kann Abb. 2.5 entnommen werden, wobei in Teil b aufgrund des Zufalls wieder nur eine mögliche Belegung der Pixel zum Zeitpunkt t_{k+1} veranschaulicht ist.

2.6 Beispielsimulation

Als Beispielsimulation untersuchen wir analog zum einfachen Waldbrandmodell ein 200×200 Pixel großes Spielfeld ohne Straßen, sodass die Startkonfiguration ⑥↻ komplett aus jungen Bäumen besteht. Als Wahrscheinlichkeiten definieren wir

$$\alpha = 0{,}01, \quad \beta = 0{,}3 \quad \text{und} \quad \gamma = 0{,}000005 \,.$$

Abb. 2.6 zeigt ausgewählte Generationen einer Simulation unter diesen Bedingungen.

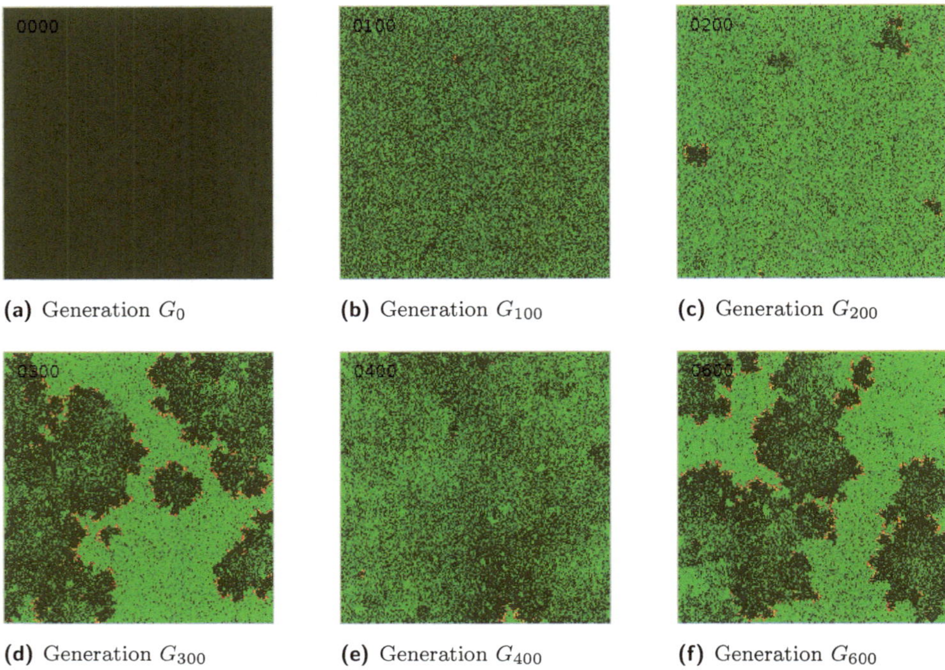

(a) Generation G_0 (b) Generation G_{100} (c) Generation G_{200}

(d) Generation G_{300} (e) Generation G_{400} (f) Generation G_{600}

Abb. 2.6 Beispiel zum erweiterten Waldbrandmodell auf einem zweidimensionalen Spielfeld mit 200×200 Pixeln. Die jungen Bäume aus der Startkonfiguration in (**a**) müssen zunächst wachsen, damit Feuer durch einen Blitzeinschlag ausbrechen kann. 100 Schritte später in (**b**) sind vereinzelt kleine Brandherde zu sehen, die sich jedoch noch nicht richtig ausbreiten können, da weiterhin zu viele junge Bäume, die kein Feuer fangen können, auf dem Spielfeld vorhanden sind. Ein ähnliches Bild zeigt sich auch in Generation G_{200} in (**c**). Obwohl sichtbar mehr ausgewachsene Bäume vorhanden sind, können sich die Brände noch nicht richtig ausbreiten. Weitere 100 Schritte später in (**d**) sind schließlich fast alle Bäume ausgewachsen, und die Brandherde breiten sich großflächig aus. Deutlich ist auch zu erkennen, wie junge Bäume zurückbleiben, die zunächst wachsen müssen, bevor sich ein neues Feuer ausbreiten kann. Daher ist in (**e**) kaum ein Feuer zu erkennen, bevor in Generation G_{600} wieder große Brände entstanden sind

Frage 2.4

?! In Abschn. 2.4 haben wir die selbstorganisierte Kritikalität zum einfachen Waldbrandmodell kennengelernt. Lässt sich dies auch auf das erweiterte Waldbrandmodell übertragen?

Räuber-Beute-Modell 3

Zusammenfassung

Räuber-Beute-Modelle sind ein Bereich der Populationsdynamik und dienen zur Beschreibung der zeitlichen Entwicklung von Populationsgrößen. Speziell betrachten wir eine Umgebung mit zwei Spezies, nämliche Beute und Räuber, die miteinander interagieren. Nach einer kurzen Einleitung in Abschn. 3.1 ist in Abschn. 3.2 eine ausführliche Beschreibung des zellulären Automaten zum Räuber-Beute-Modell zu finden. In den folgenden Abschn. 3.3 und 3.4 werden zwei Simulationen des Modells vorgestellt, die auch Vergleiche zu den Lotka-Volterra-Gleichungen beinhalten.

3.1 Einleitung

Ziel dieses Kapitels ist die Präsentation eines zellulären Automaten aus dem Bereich der Populationsdynamik bzw. der mathematischen Biologie, s. Murray (2003). Dazu betrachten wir ein zweidimensionales Spielfeld, auf dem zwei Spezies leben, nämlich *Beute* und *Räuber*. Die Beute-Tiere haben die Eigenschaft, dass sie sich in Bereichen ohne Räuber vermehren. Umgekehrt werden Räuber-Tiere verhungern und damit aussterben, wenn keine Beute in der Nähe ist. Treffen nun aber Beute und Räuber aufeinander, so kann es vorkommen, dass die Beute durch den Räuber gefressen wird und sich die Lebenserwartung des Räubers verlängert.

Ein grundlegendes Räuber-Beute-Modell ist die *Wator*-Simulation von Dewdney (1984), worin das Modell am Beispiel von Fischen und Haien erklärt wurde. Eine leicht geänderte Version dieser Räuber-Beute-Simulation werden wir in diesem Kapitel vorstellen. Dazu geben wir im folgenden Abschnitt eine genaue Beschreibung mit allen möglichen Parametern und Einstellungen, die zur Räuber-Beute-Simulation benötigt werden. Die folgenden Beispiele beinhalten auch einen Vergleich zu den Lotka-Volterra-Gleichungen, welche ein Räuber-Beute-System mithilfe von zwei nicht-linearen Differentialgleichungen modellieren.

D. Scholz, *Pixelspiele*, DOI 10.1007/978-3-642-45131-7_3,
© Springer-Verlag Berlin Heidelberg 2014

Tab. 3.1 Übersicht der Parameter im Räuber-Beute-Modell

E_B	Energiepunkte, ab denen sich Beute-Pixel vermehren
E_R	Energiepunkte, ab denen sich Räuber-Pixel vermehren
E_F	Energiepunkte, die ein Räuber durch Fressen eines Beute-Pixels erhält

3.2 Beschreibung des Modells

Beim Räuber-Beute-Modell untersuchen wir ein zweidimensionales Spielfeld 1 mit einer Von-Neumann-Nachbarschaft 3, s. Abb. 1.4. Die Pixel sind entweder leer oder belegt durch **Beute** oder **Räuber**.

Weiterhin besitzt jedes Beute-Pixel sowie jedes Räuber-Pixel eine variable Anzahl von Energiepunkten. Überschreitet ein Beute-Pixel eine festgelegte Anzahl E_B von Energiepunkten, so kann sich das Beute-Pixel vermehren, wie wir später genauer beschreiben werden. Analog wird eine feste Anzahl E_R von Energiepunkten definiert, bei der sich Räuber-Pixel vermehren. Als dritten Parameter E_F benötigen wir die Anzahl von Energiepunkten, die ein Räuber-Pixel durch das Fressen eines Beute-Pixels gewinnt. Damit ergeben sich insgesamt drei Parameter, die vor jeder Simulation des Räuber-Beute-Modells festgelegt werden, s. Tab. 3.1.

3.2.1 Beschreibung der Zustände

Auch die Zustandsmenge 2 im Räuber-Beute-Modell hängt von den zuvor definierten Parametern ab. Neben der Festlegung, ob ein Pixel leer oder durch Beute bzw. Räuber belegt ist, enthält der Zustand auch eine Angabe über das Energieniveau, falls es sich um ein Räuber- bzw. Beute-Pixel handelt. Tabelle 3.2 zeigt die Zustandsmenge für die Parameter $E_B = 3$ und $E_R = 5$. In diesem Fall gibt es vier unterschiedliche Beute-Pixel und sechs unterschiedliche Räuber-Pixel.

3.2.2 Beschreibung der Schritte

Jeder Schritt 4, also der Übergang des Spielfeldes von einem Zeitpunkt t_k zum nachfolgenden Zeitpunkt t_{k+1}, wird durch eine *Interaktionsphase* und eine *Entwicklungsphase* definiert. Dabei werden Interaktionen durch Regeln vom Typ **(2)** beschrieben, und die nachfolgende Entwicklung geschieht durch Regeln vom Typ **(1)**, s. Abschn. 1.2.4.

3.2.2.1 Interaktionsphase

In der Interaktionsphase werden zufällig Pixel x_{ij} gewählt, die mit Pixeln aus ihrer Von-Neumann-Nachbarschaft nach folgenden Regeln interagieren:

Tab. 3.2 Übersicht aller Zustände im Räuber-Beute-Modell mit den Parametern $E_B = 3$ und $E_R = 5$

Zustand	Farbe	Beschreibung
q_1		Pixel nicht besetzt
q_2		Beute mit 0 Energiepunkten
q_3		Beute mit 1 Energiepunkt
q_4		Beute mit 2 Energiepunkten
q_5		Beute mit 3 Energiepunkten
q_6		Räuber mit 0 Energiepunkten
q_7		Räuber mit 1 Energiepunkt
q_8		Räuber mit 2 Energiepunkten
q_9		Räuber mit 3 Energiepunkten
q_{10}		Räuber mit 4 Energiepunkten
q_{11}		Räuber mit 5 Energiepunkten

1. Ist x_{ij} leer, also weder durch Beute noch Räuber besetzt, dann passiert nichts.
2. Handelt es sich bei x_{ij} um ein Beute-Pixel mit weniger als E_B Energiepunkten, dann tauscht x_{ij} den Platz mit einem zufällig gewählten leeren Nachbarpixel (Bewegung), s. Zeile 1 in Tab. 3.3. Sind alle Pixel der Nachbarschaft besetzt, passiert nichts, s. Zeile 2 in Tab. 3.3.
3. Handelt es sich bei x_{ij} um ein Beute-Pixel mit genau E_B Energiepunkten, dann vermehrt sich x_{ij} auf einem zufällig gewählten leeren Nachbarpixel und x_{ij} sowie der neue Beute-Pixel erhalten beide 0 Energiepunkte, s. Zeile 3 in Tab. 3.3. Sind alle Pixel der Nachbarschaft besetzt, passiert nichts.
4. Handelt es sich bei x_{ij} um ein Räuber-Pixel und ist mindestens ein Beute-Pixel in der Nachbarschaft vorhanden, dann bewegt sich das Räuber-Pixel auf einem zufällig gewählten Beute-Nachbar und frisst diesen. Dabei erhöht sich das Energieniveau des Räuber-Pixels um E_F Energiepunkte und es bleibt ein leeres Pixel zurück, s. Zeile 4 und 5 in Tab. 3.3.

Erhält das Räuber-Pixel dadurch E_R oder mehr Energiepunkte, dann vermehrt es sich auf seiner ursprünglichen Position und beide Räuber-Pixel erhalten ein Energieniveau von $\frac{1}{2} \cdot E_R$, wobei abgerundet wird, falls E_R ungerade ist, s. Zeile 6 in Tab. 3.3.

5. Handelt es sich bei x_{ij} um ein Räuber-Pixel und ist kein Beute-Pixel in der Nachbarschaft vorhanden, dann tauscht x_{ij} den Platz mit einem zufällig gewählten leeren Nachbarpixel, s. Zeile 7 in Tab. 3.3. Sind alle Pixel der Nachbarschaft (durch Räuber) besetzt, passiert nichts.

Frage 3.1

?! Experimentiere, indem Regel **(4)** der Interaktionsphase folgendermaßen verändert wird: Jedes Mal, wenn ein Räuber-Pixel ein Beute-Pixel aus seiner Nachbarschaft frisst, erhält das Räuber-Pixel genau E_R Energiepunkte und vermehrt sich. Wie verändern sich damit die Simulationsergebnisse?

Bei einem Spielfeld mit $m \times n$ Pixeln werden diese Regeln auf genau $m \cdot n$ nacheinander zufällig ermittelte Pixel angewandt. Dies bedeutet, dass pro Schritt bzw. Generation jedes Pixel im Mittel genau einmal gewählt wird.

3.2.2.2 Entwicklungsphase

Nach der Interaktionsphase findet noch eine Entwicklungsphase statt, bei der sich die Zustände aller Pixel im Spielfeld unabhängig von ihrer Nachbarschaft nach folgenden Regeln verändern:

1. Ist x_{ij} leer, also weder durch Beute noch Räuber besetzt, dann passiert nichts.
2. Ist x_{ij} ein Beute-Pixel mit weniger als E_B Energiepunkten, dann gewinnt x_{ij} einen Energiepunkt hinzu.
3. Ist x_{ij} ein Beute-Pixel mit genau E_B Energiepunkten, dann passiert nichts.
4. Ist x_{ij} ein Räuber-Pixel mit mehr als null Energiepunkten, dann verliert x_{ij} einen Energiepunkt.
5. Ist x_{ij} ein Räuber-Pixel mit genau null Energiepunkten, dann stirbt der Räuber aus und es bleibt ein leeres Pixel zurück.

Frage 3.2

?! Was passiert, wenn die Räuber-Pixel in der Entwicklungsphase niemals einen Energiepunkt verlieren würden?

Da sich Räuber in der Interaktionsphase mit E_R oder mehr Energiepunkten direkt vermehren und da alle Räuber in der Entwicklungsphase einen Energiepunkt verlieren, kann

Tab. 3.3 Beispiele von Interaktionen beim Räuber-Beute-Modell mit den Parametern $E_B = 3$ und $E_R = 5$ sowie $E_F = 2$. Dargestellt ist jeweils ein zur Interaktion zufällig gewähltes Pixel mit seiner Von-Neumann-Nachbarschaft. Zusätzlich zur Farbkodierung verdeutlichen die weißen Zahlen jeweils die Energiepunkte der Pixel. Falls mehr als eine Möglichkeit der Interaktion besteht, sind alle Möglichkeiten gleich wahrscheinlich

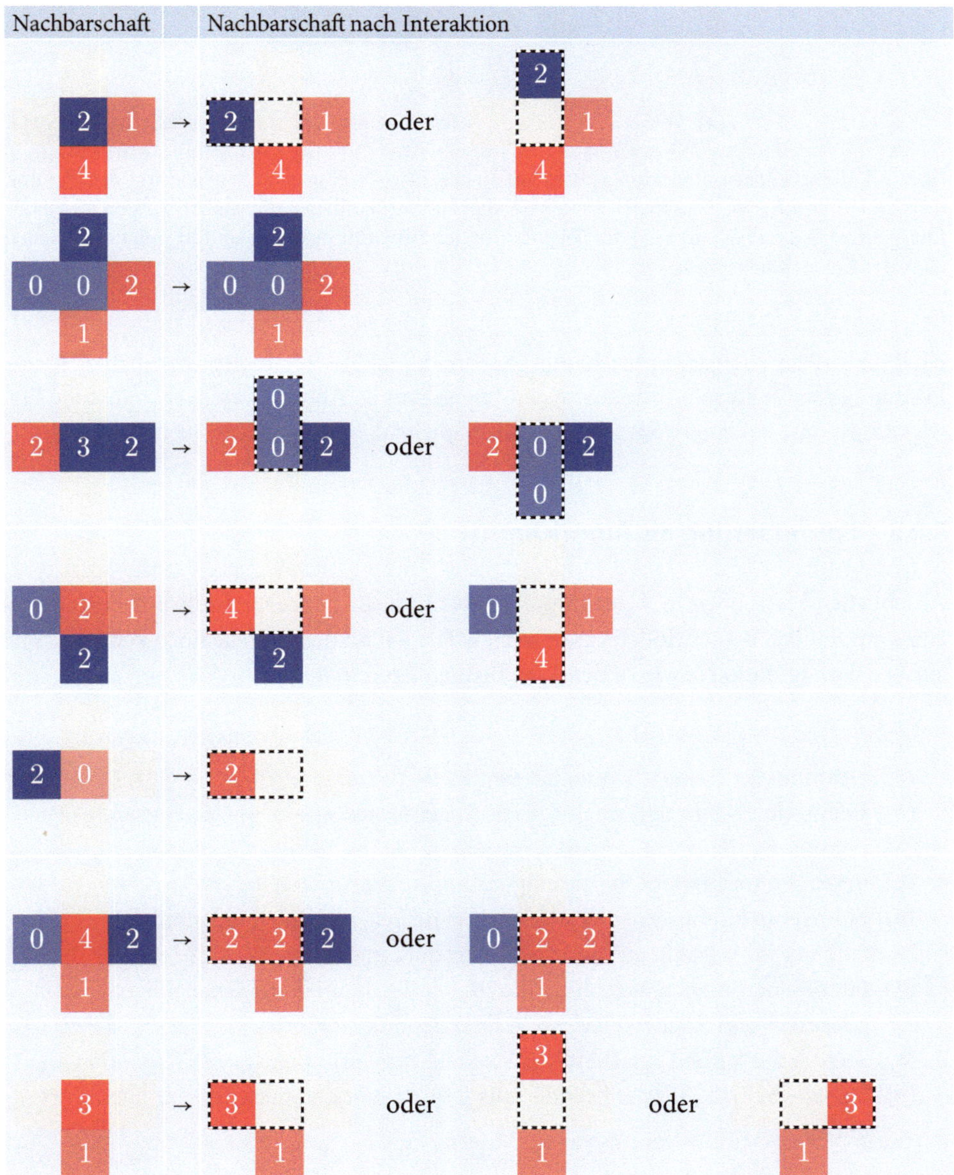

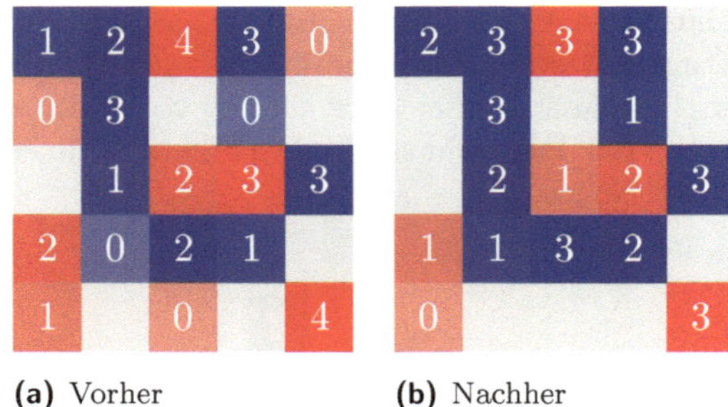

(a) Vorher   **(b)** Nachher

Abb. 3.1 Beispiel der Entwicklungsphase auf einem 5×5 Pixel großen Spielfeld mit den Parametern $E_B = 3$ und $E_R = 5$. Zusätzlich zur Farbkodierung verdeutlichen die weißen Zahlen jeweils die Energiepunkte der Pixel. **(a)** zeigt das Spielfeld vor der Entwicklungsphase und **(b)** zeigt das Spielfeld nach der Entwicklungsphase

ein Räuber-Pixel nach der Entwicklungsphase maximal $E_R - 2$ Energiepunkte haben. Beute-Pixel hingegen besitzen mindestens einen Energiepunkt. Abb. 3.1 veranschaulicht die Entwicklungsphase auf einem 5×5 Pixel großen Spielfeld.

3.2.3 Formulierung als Algorithmus

Abschließend fassen wir in Algorithmus 3.1 das Vorgehen zur Durchführung einer Simulation im Räuber-Beute-Modell zusammen, wobei wir an dieser Stelle noch keine Aussage zur Startkonfiguration sowie zu den Randbedingungen treffen.

Algorithnmus 3.1 Zellulärer Automat zum Räuber-Beute-Modell

(1) Wähle ein zweidimensionales Spielfeld der Größe $m \times n$ sowie ganzzahlige Parameter E_B, E_R und E_F. Setze $k = 0$.

(2) Erzeuge eine zufällige Startkonfiguration zum Zeitpunkt t_0.

(3) Führe eine Interaktionsphase durch, bei der $m \cdot n$ nacheinander zufällig ermittelte Pixel mit Pixeln aus ihrer Nachbarschaft interagieren.

(4) Führe eine Entwicklungsphase durch, bei der Beute-Pixel einen Energiepunkt gewinnen und Räuber-Pixel einen Energiepunkt verlieren.

(5) Setze $k = k + 1$ und speichere das Spielfeld zum Zeitpunkt t_k als Generation G_k.

(6) Gehe zu Schritt **(3)** oder beende, falls k eine zuvor definierte Grenze überschritten hat.

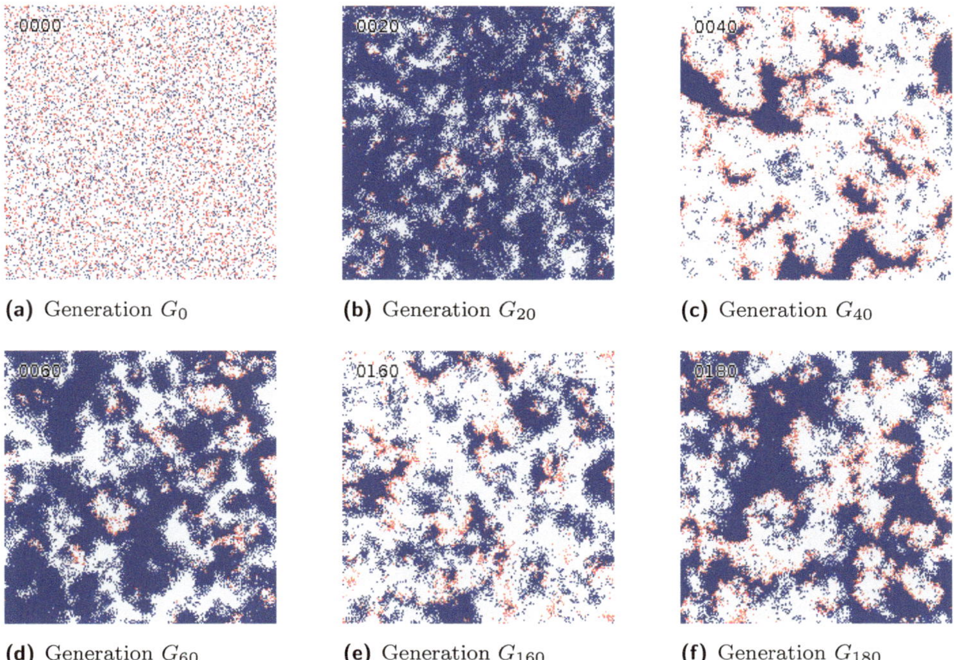

(a) Generation G_0 (b) Generation G_{20} (c) Generation G_{40}

(d) Generation G_{60} (e) Generation G_{160} (f) Generation G_{180}

Abb. 3.2 Beispiel zum Räuber-Beute-Modell auf einem zweidimensionalen Spielfeld mit 200×200 Pixeln. Aus einer zufälligen Startkonfiguration in (**a**) entwickeln sich Generationen, in denen mal mehr und mal weniger Beute-Pixel vorhanden sind. Zudem ist zu erkennen, wie die Räuber-Pixel meist entlang einer ganzen Front Ballungsräume von Beute-Pixeln angreifen

3.3 Beispielsimulation

Bevor eine Simulation durchgeführt werden kann, müssen wir uns Gedanken über die Parameter aus Tab. 3.1 machen. In diesem Beispiel wählen wir

$$E_B = 3, \quad E_R = 5 \quad \text{und} \quad E_F = 2 \,,$$

sodass sich exakt die elf Zustände aus Tab. 3.2 ergeben.

Als Startkonfiguration 6 ⏻ wurde ein Spielfeld erzeugt, bei dem jedes Pixel mit einer Wahrscheinlichkeit von $\frac{1}{10}$ als Beute-Pixel und mit einer Wahrscheinlichkeit von $\frac{1}{10}$ als Räuber-Pixel definiert wurde. Die Energiepunkte der Beute-Pixel wurden zufällig zwischen 0 und E_B und die Energiepunkte der Räuber-Pixel zufällig zwischen 0 und E_R gewählt.

Damit ergibt sich eine Startkonfiguration, bei der im Mittel acht von zehn Pixel nicht besetzt sind und es ungefähr gleich viele Beute- wie Räuber-Pixel gibt. Weiterhin wurden periodische Randbedingungen 5 ▦ verwendet, s. Abschn. 1.3.2.

Eine Simulation auf einem 200×200 Pixel großen Spielfeld ist in Abb. 3.2 veranschaulicht.

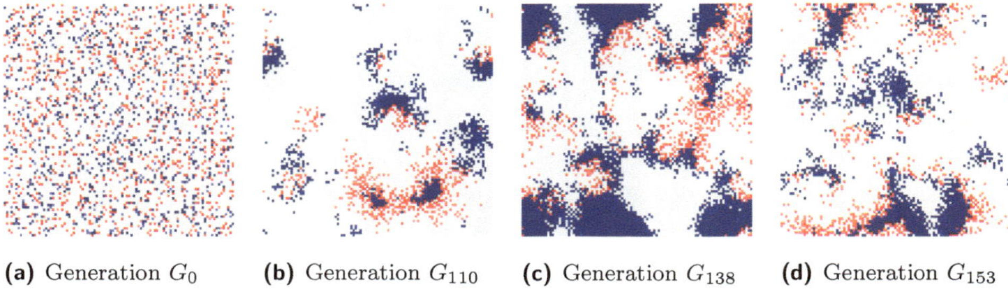

(a) Generation G_0 **(b)** Generation G_{110} **(c)** Generation G_{138} **(d)** Generation G_{153}

Abb. 3.3 Beispiel einer Simulation zum Vergleich zwischen Räuber-Beute-Modell und Lotka-Volterra-Gleichungen auf einem zweidimensionalen Spielfeld mit 100×100 Pixeln. Die Anzahl der Beute- sowie Räuber-Pixel variiert periodisch

Es ist zu erkennen, dass sich nach 20 Generationen zunächst eine große Anzahl von Beute-Pixel im Vergleich zu einer kleinen Anzahl von Räuber-Pixel ergeben hat. Da nun aber besonders viel Futter für die Räuber vorhanden ist, vermehren sich die Räuber-Pixel sehr stark, sodass die Anzahl der Beute 20 Generationen später wieder deutlich reduziert wurde, s. Abb. 3.2c. Weiterhin ist zu erkennen, dass die Räuber-Pixel meist entlang einer ganzen Front die Ballungsräume von Beute-Pixeln angreifen. Das gesamte Geschehen wiederholt sich in einer periodischen Art und Weise.

3.4 Vergleich zu den Lotka-Volterra-Gleichungen

In diesem zweiten Beispiel vergleichen wir den zellulären Automaten zum Räuber-Beute-Modell mit einem einfachen System von Differentialgleichungen, welches ebenfalls zur zeitlichen Entwicklung von Räuber- und Beutepopulationen verwendet werden kann.

Um dieses Ziel zu erreichen, verwenden wir für den zellulären Automaten die Parameter

$$E_B = 3, \quad E_R = 10 \quad \text{und} \quad E_F = 2,$$

ein 100×100 Pixel großes Spielfeld 6 ⟲, das gleiche Verfahren zur Bestimmung der Startkonfiguration wie zuvor sowie ebenfalls periodische Randbedingungen 5 ▥. Wie Abb. 3.3 zeigt, erhalten wir eine ähnliche Entwicklung der Populationen wie in der Beispielsimulation von Abschn. 3.3.

Abb. 3.4b zeigt die Anzahl der Beute- sowie die Anzahl der Räuber-Pixel als zeitlichen Verlauf der Generationen G_{200} bis G_{500}. Wir schon zuvor beschrieben, entsteht ein zeitlich periodisches Verhalten in der Anzahl der Beute und Räuber. Es sei bemerkt, dass ähnliche Ergebnisse auch mit den gleichen Parametern und Einstellungen des vorherigen Beispiels möglich gewesen wären.

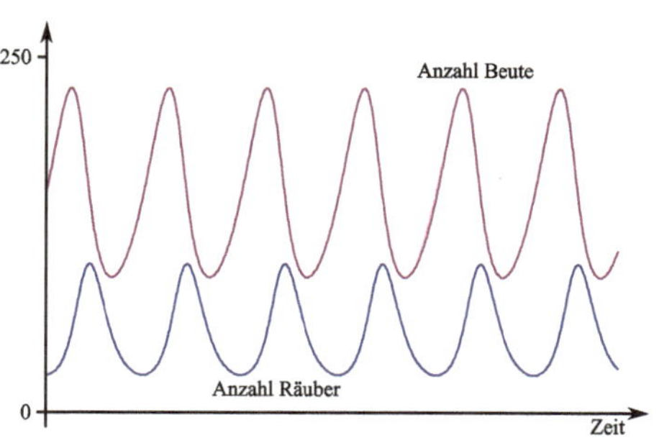

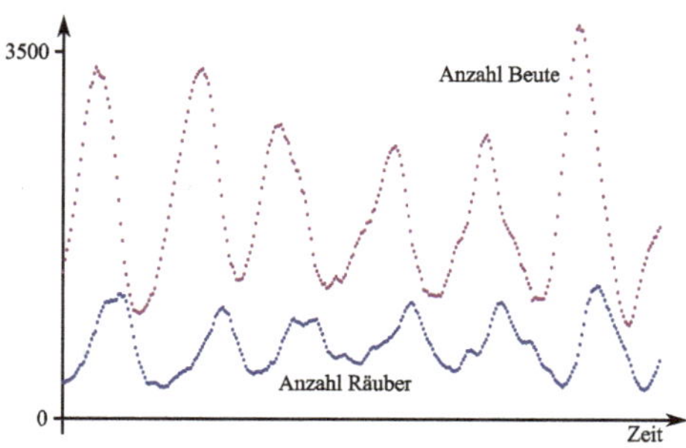

(a) Lösung der Lotka-Volterra-Gleichungen   **(b)** Simulation des Räuber-Beute-Modells

Abb. 3.4 Mit den Parametern $\alpha = 1$, $\beta = 3$ und $\gamma = \delta = 0{,}02$ ist in **(a)** die Lösung der Lotka-Volterra-Gleichungen zu den Anfangswerten $B(0) = B_0 = 150$ und $R(0) = R_0 = 20$ veranschaulicht, welche mit dem Runge-Kutta-Verfahren berechnet wurden. $B(t)$ entspricht somit der Anzahl der Beute und $R(t)$ entspricht der Anzahl der Räuber. Deutlich ist ein zeitlich periodisches Verhalten der Populationsgrößen zu erkennen. Teil **(b)** zeigt die Anzahl der Beute- und Räuber-Pixel als zeitlichen Verlauf der Generationen G_{200} bis G_{500} der zuvor beschriebenen Simulation auf einem Spielfeld mit 100×100 Pixeln, s. auch Abb. 3.3

Frage 3.3

?! Wie lässt sich erklären, dass eine große Anzahl von Räubern immer zeitlich versetzt zu einer großen Anzahl von Beute vorzufinden ist? Sind auch hier die Ergebnisse aus den Lotka-Volterra-Gleichungn mit der Simulation des Räuber-Beute-Modells qualitativ vergleichbar?

Neben dem zellulären Automaten zum Räuber-Beute-Modell bieten die ***Lotka-Volterra-Gleichungen*** eine einfache und weitverbreitete Möglichkeit zur Beschreibung der zeitlichen Entwicklung von Räuber- und Beutepopulationen, s. Lotka (2011).

Es handelt sich dabei um eine kontinuierliche Betrachtung der Populationen, wobei wir mit $B(t)$ die zeitliche Entwicklung der Beute und mit $R(t)$ die zeitliche Entwicklung der Räuber beschreiben. Mit positiven Parametern

$$\alpha, \quad \beta, \quad \gamma \quad \text{und} \quad \delta$$

werden die Lotka-Volterra-Gleichungen in ihrer einfachsten Form gegeben durch

$$B'(t) = \alpha \cdot B(t) - \gamma \cdot B(t) \cdot R(t),$$
$$R'(t) = \delta \cdot B(t) \cdot R(t) - \beta \cdot R(t).$$

Dies ist ein System aus zwei nicht-linearen Differentialgleichungen 1. Ordnung, sodass zu gegebenen Anfangswerten $B(0) = B_0$ und $R(0) = R_0$ die Funktionen

$B(t)$ und $R(t)$ für Zeiten $t \geq 0$ gesucht sind. Ein numerisches Verfahren zur Lösung derartiger Probleme ist das **Runge-Kutta-Verfahren**, s. Hanke-Bourgeois (2009) oder Dahmen und Reusken (2008).

Unter Verwendung der Parameter $\alpha = 1$, $\beta = 3$ und $\gamma = \delta = 0{,}02$ sowie der Anfangswerte $B(0) = 150$ und $R(0) = 20$ erhalten wir die Lösungen $B(t)$ und $R(t)$ aus Abb. 3.4a.

Zusammenfassend lässt sich sagen, dass das recht einfache Räuber-Beute-Modell qualitativ ähnliche Ergebnisse liefert wie die Lotka-Volterra-Gleichungen, s. Abb. 3.4. Dadurch ist ein erster Nachweis erbracht, dass auch komplexe Simulationen beim Räuber-Beute-Modell durchaus sinnvolle und realistische Ergebnisse liefern können.

Populationsdynamik

4

Zusammenfassung

In diesem Kapitel untersuchen wir ein Räuber-Beute-Modell unter populationsdynamischen Aspekten mit mehr als zwei Spezies. Anders als in Kap. 3 sind alle Individuen einer Spezies komplett identisch, wir unterscheiden also nicht mehr zwischen Energiepunkten. Unser Augenmerk liegt vor allem auf der Untersuchung der Koexistenz, sodass alle Spezies einer Simulation auch auf lange Sicht nebeneinander existieren können. Wir beginnen dieses Kapitel mit einer kurzen Einleitung in Abschn. 4.1 bevor wir zur ausführlichen Beschreibung des populationsdynamischen Modells mit drei Spezies in Abschn. 4.2 übergehen. Nach einer ersten Beispielsimulation in Abschn. 4.3 untersuchen wir den Einfluss eines Parameters zur Bewegung der Individuen in Abschn. 4.4 und definieren den Begriff der Mobilität. Schließlich erweitern wir das Modell auf fünf Spezies und stellen auch hierzu interessante Ergebnisse gegenüber, s. Abschn. 4.5.

4.1 Einleitung

Nachdem wir zuvor bereits ein einfaches Räuber-Beute-Modell betrachtet haben, untersuchen wir in diesem Kapitel weiterführende populationsdynamische Modelle mit mehr als zwei Spezies. Anders als zuvor haben die Spezies in diesem Kapitel keine Energiepunkte, sodass alle Individuen einer Spezies stets identisch sind. Weiterhin werden wir nur *zyklische Modelle* betrachten, bei denen jede Spezies eine oder mehrere Spezies dominiert und von der gleichen Anzahl von Spezies selbst dominiert wird. Das Besondere an diesen Modellen ist, dass sich jeweils eine *Koexistenz* ergibt, sodass alle Spezies überleben und die anderen Spezies gerade zum Überleben benötigt werden.

Dieses Modell sowie Erweiterungen dazu wurden in den vergangenen Jahren ausführlich untersucht, s. z. B. Kerr et al. (2002), Reichenbach et al. (2007) und Zhang et al. (2009). Bemerkenswert dabei ist auch die physikalische Relevanz der Modelle z. B. in der Theo-

D. Scholz, *Pixelspiele*, DOI 10.1007/978-3-642-45131-7_4,

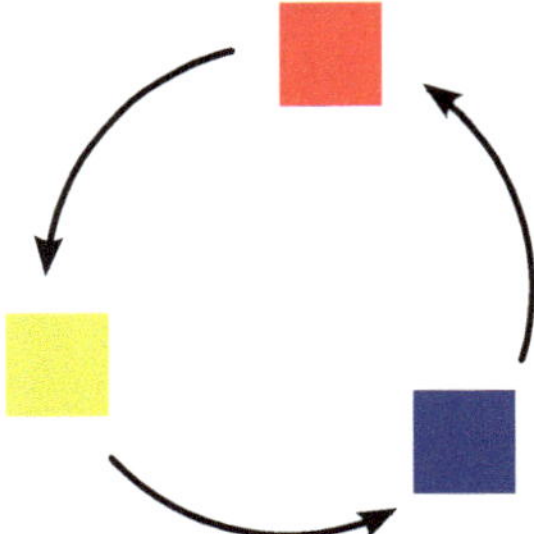

Abb. 4.1 Veranschaulichung der zyklischen Dominanz in der Populationsdynamik mit drei Spezies. Jede Spezies jagt eine zweite Spezies und wird von der dritten Spezies selbst besiegt. Dieses Verhalten wird durch die Pfeile angedeutet: Spezies 1 (*rot*) besiegt Spezies 2 (*gelb*), Spezies 2 (*gelb*) besiegt Spezies 3 (*blau*) und Spezies 3 (*blau*) besiegt Spezies 1 (*rot*)

rie von gekoppelten chemischen Reaktionsgleichungen sowie Differentialgleichungen zur Diffusion, s. Gillespie (1976).

Wir beginnen dieses Kapitel mit dem einfachsten Fall, nämlich einem Modell bestehend aus drei Spezies, bei dem jede Spezies eine zweite Spezies jagt und von der dritten Spezies selbst besiegt wird. Diese Verhalten erinnert an das **Stein-Schere-Papier**-Spiel, bei welchem auch jeweils ein Zustand den anderen besiegt, jedoch vom dritten Zustand selbst geschlagen wird. Anschließend erweitern wir das Modell auf fünf Spezies und untersuchen hierzu zwei mögliche zyklische Verhalten.

4.2 Beschreibung des Modells

Wie schon beim Räuber-Beute-Modell beschreiben wir auch das Modell zur Populationsdynamik durch ein zweidimensionales Spielfeld 1⊞ sowie eine Von-Neumann-Nachbarschaft 3⬆⬆, s. Abb. 1.4. In diesem Abschnitt untersuchen wir drei Spezies, sodass die Pixel entweder leer oder durch ein Individuum einer Spezies besetzt sind.

Wie wir nachfolgend beschreiben werden, können sich alle Individuen vermehren bzw. reproduzieren, sich fortbewegen, oder zwei Individuen unterschiedlicher Spezies können gegeneinander kämpfen, sodass immer genau ein Individuum das andere besiegt. Dies führt uns zu den drei Parametern aus Tab. 4.1.

Tab. 4.1 Übersicht der Parameter in der Populationsdynamik

μ	Wahrscheinlichkeit der Reproduktion
σ	Wahrscheinlichkeit der Selektion
ϵ	Wahrscheinlichkeit der Bewegung

Tab. 4.2 Übersicht der
Zustände in der Populationsdynamik mit drei Spezies

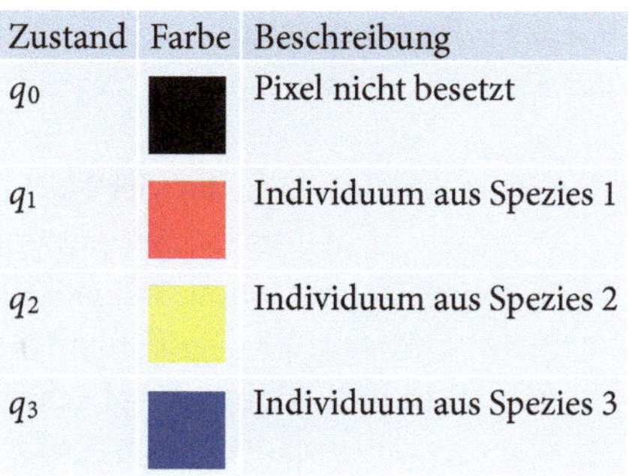

Zustand	Farbe	Beschreibung
q_0		Pixel nicht besetzt
q_1		Individuum aus Spezies 1
q_2		Individuum aus Spezies 2
q_3		Individuum aus Spezies 3

Dabei müssen die Parameter so normiert sein, dass $\mu + \sigma + \epsilon = 1$ gilt. Ist dies nicht der Fall, werden die Parameter zunächst normiert und wir erhalten

$$\overline{\mu} = \frac{\mu}{\mu + \sigma + \epsilon}, \quad \overline{\sigma} = \frac{\sigma}{\mu + \sigma + \epsilon} \quad \text{und} \quad \overline{\epsilon} = \frac{\epsilon}{\mu + \sigma + \epsilon}. \tag{4.1}$$

4.2.1 Beschreibung der Zustände

Die Zustände der Pixel in der Populationsdynamik mit drei Spezies lassen sich sehr leicht beschreiben, denn die Pixel sind, wie bereits beschrieben, entweder leer oder durch ein Individuum einer Spezies besetzt, s. Tab. 4.2. Damit sind alle Individuen identisch, wir unterscheiden hier weder zwischen Energiepunkten noch Alter.

4.2.2 Beschreibung der Schritte

Analog zum Räuber-Beute-Modell werden die Schritte bzw. Interaktionen durch Regeln vom Typ (2) beschrieben, s. Abschn. 1.2.4. Auch hier werden bei einem Spielfeld mit $m \times n$ Pixeln von Generation zu Generation nacheinander $m \cdot n$ Pixel zufällig gewählt, und es wird jeweils eine der folgenden drei Interaktionen durchgeführt. Dabei gilt:

1. Mit einer Wahrscheinlichkeit von μ findet eine ***Reproduktion*** statt.
2. Mit einer Wahrscheinlichkeit von σ findet eine ***Selektion*** statt.
3. Mit einer Wahrscheinlichkeit von ϵ findet eine ***Bewegung*** statt.

Durch die Normierung $\mu + \sigma + \epsilon = 1$ soll sichergestellt werden, dass jedes zufällig gewählte Pixel x_{ij} genau eine dieser Interaktionen zugewiesen wird.

4.2.2.1 Reproduktion

Bei der Reproduktion werden folgende Regeln durchgeführt:

1. Wähle zufällig einen der vier Nachbarpixel von x_{ij}.
2. Wenn x_{ij} nicht-leer ist, der gewählte Nachbarpixel aber leer ist, dann belege auch das Nachbarpixel mit einem Individuum der gleichen Spezies wie x_{ij} selbst.
3. Wenn x_{ij} leer ist, das gewählte Nachbarpixel aber nicht-leer ist, dann belege auch x_{ij} mit einem Individuum der gleichen Spezies wie das Nachbarpixel selbst.
4. Wenn x_{ij} sowie das gewählte Nachbarpixel beide gleichzeitig leer oder beide gleichzeitig nicht-leer sind, dann passiert nichts.

Abb. 4.2a zeigt zwei Beispiele zur Reproduktion. Das mittlere Pixel ist jeweils das zufällig gewählte Pixel x_{ij}, welches mit genau einem der vier Pixel aus seiner Nachbarschaft interagiert.

4.2.2.2 Selektion

Zur Beschreibung der Selektion müssen wir zunächst festlegen, welche Spezies jeweils in einem Kampf besiegt wird.

Bei einer *zyklischen Dominanz* soll jede Spezies eine weitere Spezies besiegen und von der dritten Spezies besiegt werden. Dieses Verhalten in der Populationsdynamik mit drei Spezies wird in Abb. 4.1 veranschaulicht. Ein Pfeil von einem Individuum einer Spezies zu einem Individuum einer anderen Spezies bedeutet, dass die erste Spezies die zweite jeweils besiegt.

Damit lassen sich nun die Regeln der Selektion angeben:

1. Wähle zufällig einen der vier Nachbarpixel von x_{ij}.
2. Wenn x_{ij} sowie das gewählte Nachbarpixel beide gleichzeitig nicht-leer sind, dann führe eine Selektion gemäß der in Abb. 4.1 beschriebenen Dominanz durch. Dies bedeutet, dass nach der Selektion genau eines der beiden Pixel leer ist.
3. Wenn x_{ij}, das gewählte Nachbarpixel oder beide Pixel leer sind, dann passiert nichts.

Abb. 4.2b zeigt Beispiele zur Selektion.

4.2.2.3 Bewegung

Die Bewegung lässt sich sehr einfach beschreiben:

1. Wähle zufällig eines der vier Nachbarpixel von x_{ij}.
2. x_{ij} und das gewählte Nachbarpixel tauschen die Plätze bzw. den Zustand.

Diese Regel ist dabei unabhängig davon, ob die Pixel leer oder nicht-leer sind. Abb. 4.2c zeigt auch hierzu zwei Beispiele.

Frage 4.1

?! Angenommen, Spezies 1 (rot) hat keine Feinde und Spezies 3 (blau) hat keine Beute, sodass der Pfeil von Blau nach Rot in Abb. 4.1 fehlen würde. Was würde dann auf lange Sicht passieren? Welchen Einfluss hat in diesem Fall der Parameter ϵ der Bewegung?

4.2.3 Formulierung als Algorithmus

Zusammenfassend beschreiben wir das Modell zur Populationsdynamik in Algorithmus 4.1.

Algorithnmus 4.1 Zellulärer Automat zur Populationsdynamik
(1) Wähle ein zweidimensionales Spielfeld der Größe $m \times n$ sowie die Parameter μ, σ und ϵ. Führe falls nötig eine Normierung gemäß (4.1) durch. Setze $k = 0$.
(2) Erzeuge eine zufällige Startkonfiguration zum Zeitpunkt t_0.
(3) Führe nacheinander folgende Schritte $m \cdot n$-mal durch: Wähle zufällig ein Pixel x_{ij} des Spielfeldes aus. Wähle gemäß den normierten Parametern $\overline{\mu}$, $\overline{\sigma}$ und $\overline{\epsilon}$ zufällig eine der Interaktionen Reproduktion, Selektion und Bewegung und führe diese aus.
(4) Setze $k = k + 1$ und speichere das Spielfeld zum Zeitpunkt t_k als Generation G_k.
(5) Gehe zu Schritt **(3)** oder beende, falls k eine zuvor definierte Grenze überschritten hat.

4.3 Beispielsimulation

Als Beispielsimulation verwenden wir ein Spielfeld mit 320×320 Pixeln sowie periodischen Randbedingungen 5 ▦. Die Startkonfiguration 6 ⏻ wurde so gewählt, dass jedes Pixel einem zufälligen Zustand aus Tab. 4.2 zugewiesen wird. Dies bedeutet, dass zum Startzeitpunkt t_0 im Mittel 25 % der Pixel leer sind und im Mittel jede Spezies mit gleich vielen Individuen auf dem Spielfeld vertreten ist.

Zudem haben wir die Parameter

$$\mu = 1, \quad \sigma = 1 \quad \text{und} \quad \epsilon = 5$$

gewählt. Nach Normierung, s. (4.1), erhalten wir

$$\overline{\mu} = \frac{1}{7}, \quad \overline{\sigma} = \frac{1}{7} \quad \text{und} \quad \overline{\epsilon} = \frac{5}{7}.$$

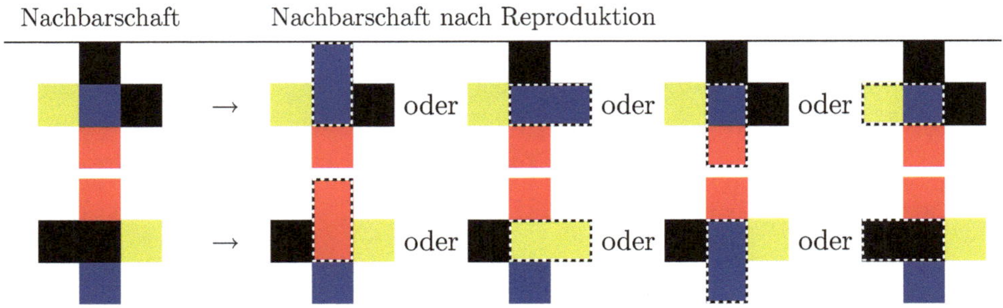

(a) Beispiele der Reproduktion in der Populationsdynamik mit drei Spezies

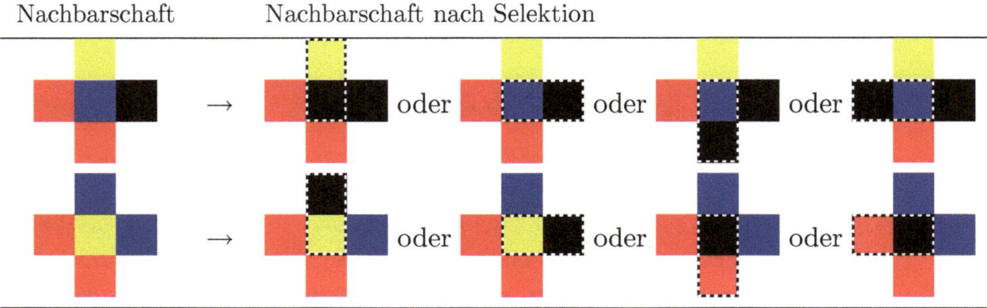

(b) Beispiele der Selektion in der Populationsdynamik mit drei Spezies

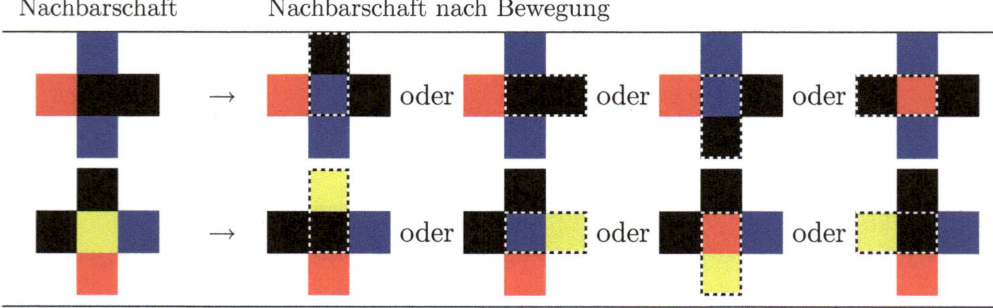

(c) Beispiele der Bewegung in der Populationsdynamik mit drei Spezies

Abb. 4.2 Beispiele zur Interaktion in der Populationsdynamik mit drei Spezies. Das mittlere Pixel x_{ij} interagiert jeweils mit einem zufällig gewählten Nachbarpixel. Im Beispiel interagiert x_{ij} von links nach rechts mit dem oberen, rechten, unteren oder linken Nachbarn. Dabei ist jede der jeweils vier Möglichkeiten nach Interaktion gleich wahrscheinlich, da jeweils eines der vier möglichen Nachbarpixel gewählt wird

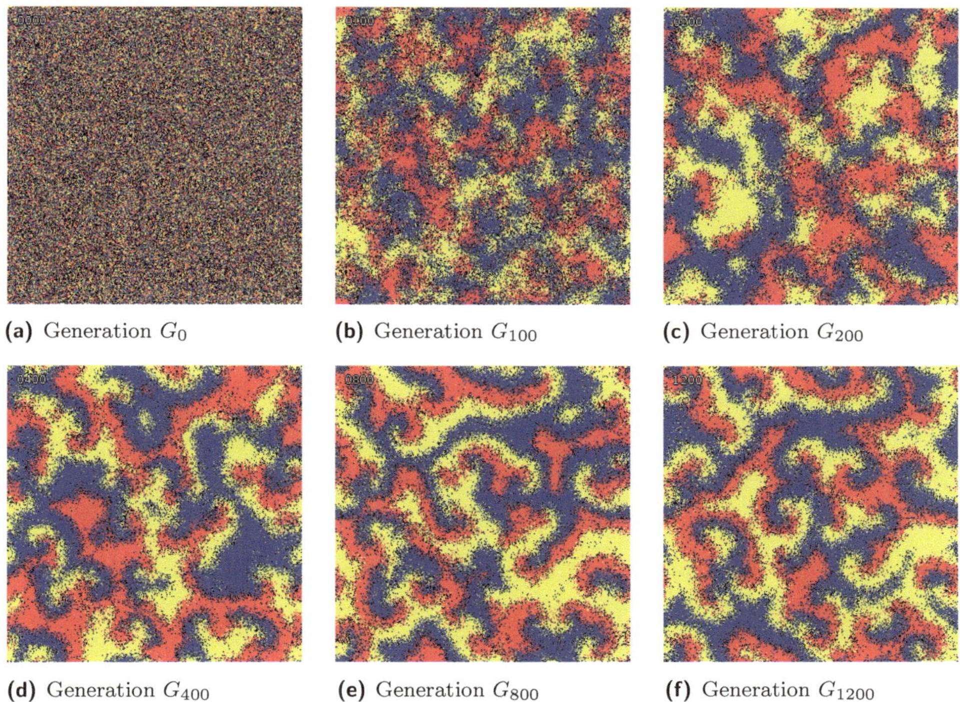

(a) Generation G_0 (b) Generation G_{100} (c) Generation G_{200}

(d) Generation G_{400} (e) Generation G_{800} (f) Generation G_{1200}

Abb. 4.3 Beispiel zur Populationsdynamik mit drei Spezies auf einem zweidimensionalen Spielfeld mit 320 × 320 Pixeln sowie den Parametern $\mu = 1$, $\sigma = 1$ und $\epsilon = 5$. Aus der zufälligen Startkonfiguration in (a) entwickeln sich mit der Zeit spiralförmige Strukturen mit festen Zentren, die sich im Kreise bewegen

Abb. 4.3 zeigt eine Simulation des Modells mit diesen Parametern. Es ist gut zu erkennen, wie sich mit der Zeit spiralförmige Strukturen bilden, die jeweils um ein ortsfestes Zentrum kreisen.

Zudem ist bemerkenswert, dass alle drei Spezies überleben und sich gegenseitig sogar zum Überleben brauchen. Es stellt sich somit eine gewisse **Koexistenz** ein, die in dieser Simulation sehr stabil zu sein scheint.

Wie in Reichenbach et al. (2007) beschrieben, ist dieses Modell zudem auch deswegen so interessant, da die typischen Spiralen auch in der Lösung von stochastischen sowie deterministischen partiellen Differentialgleichungen auftreten. Daher lassen sich auch hochkomplizierte mathematische Gleichungen mit dem vergleichsweise einfachen zellulären Automaten näherungsweise beschreiben.

Um weiterhin einen ersten Eindruck zum Einfluss der Simulationsparameter zu erhalten, haben wir die Wahrscheinlichkeit der Bewegung ϵ variiert. Die Parameter $\mu = 1$ und

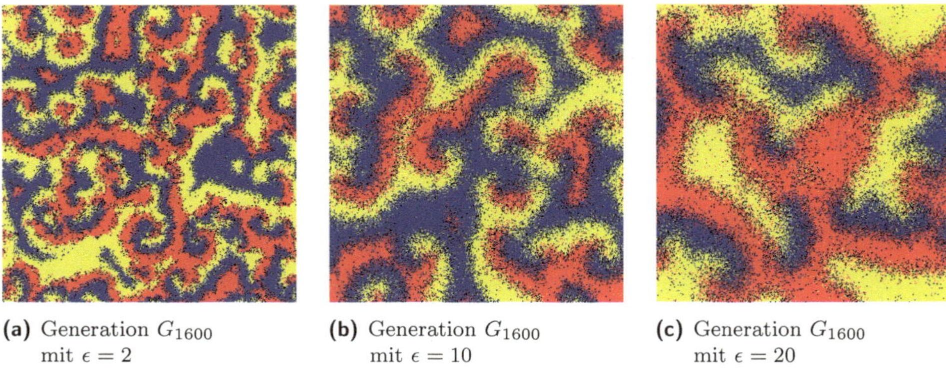

(a) Generation G_{1600} mit $\epsilon = 2$

(b) Generation G_{1600} mit $\epsilon = 10$

(c) Generation G_{1600} mit $\epsilon = 20$

Abb. 4.4 Beispiel zur Veranschaulichung der Abhängigkeit der Bewegung auf einem zweidimensionalen Spielfeld mit 320×320 Pixeln. Dargestellt ist jeweils die Generation G_{1600} für unterschiedliche Werte von ϵ, wobei in allen Simulationen $\mu = 1$ und $\sigma = 1$ gesetzt wurde

$\sigma = 1$ bleiben weiterhin unverändert. In Abb. 4.4 ist jeweils die Generation G_{1600} der Simulationen für drei unterschiedliche Werte von ϵ dargestellt.

Es ist zu erkennen, dass sich für alle dargestellten Werte von ϵ Spiralen bilden, wobei die Größe der Spiralen mit steigenden Werten für ϵ zunimmt.

4.4 Analyse der Mobilität

Eine wichtige Frage, die wir in diesem Abschnitt beantworten wollen, ist die Frage nach der Stabilität der Koexistenz. Genauer untersuchen wir in wie weit die Koexistenz der drei Spezies in Abhängigkeit der **Mobilität** bzw. des Parameters ϵ stabil bleibt.

Dazu bemerken wir zunächst folgendes: Angenommen, eine der drei Spezies stirbt aus, dann wird das komplette Spielfeld auf längere Sicht von nur einer Spezies besiedelt sein. Denn wenn die erste Spezies ausstirbt, dann hat eine weitere Spezies gar keine Feinde mehr und kann sich beliebig vermehren.

Um dies genauer zu untersuchen, führen wir folgende Simulationen durch: Auf einem Spielfeld mit 40×40 Pixeln und zufälliger Startkonfiguration wie zuvor wurden für unterschiedliche Werte von ϵ jeweils genau 100 Simulationen durchgeführt. Jede Simulation wurde nach 1000 Generationen beendet und es wurde untersucht, ob bereits eine Spezies ausgestorben ist. In allen Simulationen blieben die beiden weiteren Parameter mit $\mu = 1$ und $\sigma = 1$ unverändert.

Aus dieser Reihe von Simulationen wurde anschließend die **Aussterbewahrscheinlichkeit** ermittelt. Bei einem Wert von beispielsweise $\epsilon = 2$ konnte in 91 der insgesamt 100 Simulationen beobachtet werden, dass nach 1000 Generationen mindestens eine Spezies ausgestorben war. Dies ergibt für $\epsilon = 2$ eine Aussterbewahrscheinlichkeit von 91 %. Abb. 4.5 zeigt alle Ergebnisse. Dabei ist auf die logarithmische Auftragung zu achten.

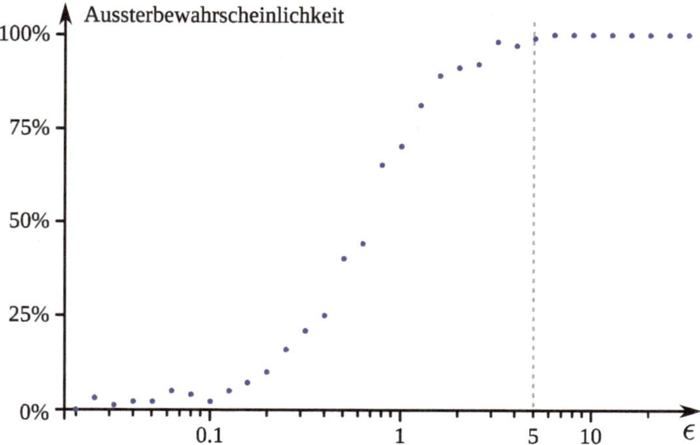

Abb. 4.5 Veranschaulichung der Aussterbewahrscheinlichkeit in Abhängigkeit der Wahrscheinlichkeit der Bewegung ϵ. Ermittelt wurden die Ergebnisse auf einem Spielfeld mit 40 × 40 Pixeln sowie $\mu = 1$ und $\sigma = 1$. Dabei ist auf die logarithmische Auftragung zu achten

Es ist deutlich zu erkennen, dass die Aussterbewahrscheinlichkeit mit zunehmenden Werten von ϵ ansteigt. Ab einem kritischen Wert von $\epsilon = 5$ kann fast sicher davon ausgegangen werden, dass eine Spezies ausstirbt und somit keine Koexistenz mehr vorhanden ist. Dies stimmt auch mit den Ergebnissen aus Abb. 4.4 überein: Für wachsende Werte von ϵ werden die Spiralen immer größer, sodass je nach Größe des Spielfeldes auch die Wahrscheinlichkeit wächst, dass eine Spezies komplett verdrängt wird.

Frage 4.2

?! Was muss beachtet werden, wenn zur Bestimmung der Aussterbewahrscheinlichkeit ein Spielfeld mit mehr als 40 × 40 Pixeln gewählt wird?

Es ist weiter zu bemerken, dass die bisher präsentierten Ergebnisse zur Aussterbewahrscheinlichkeit stark von der Spielfeldgröße abhängen. Um die Mobilität davon unabhängig analysieren zu können, definieren wir für ein Spielfeld der Größe $m \times n$ analog zu Reichenbach et al. (2007) die **Mobilität** als

$$M = \frac{2 \cdot \epsilon}{n \cdot m}.$$

Nach dieser Definition beschreibt die Mobilität M genau die Wahrscheinlichkeit dafür, dass ein jedes Pixel von einer Generation zur folgenden Generation genau einmal eine Bewegung durchgeführt hat. Für eine feste Spielfeldgröße ergibt sich damit stets ein direkter und linearer Zusammenhang zwischen dem Parameter ϵ und der Mobilität M.

Tab. 4.3 Zwei zusätzliche Zustände in der Populationsdynamik mit fünf Spezies

Zustand	Farbe	Beschreibung
q_4		Individuum aus Spezies 4
q_5		Individuum aus Spezies 5

Im vorherigen Beispiel mit $m \times n = 40 \times 40$ Pixeln wurde der kritische Wert $\epsilon = 5$ ermittelt, ab welchem eine Aussterbewahrscheinlichkeit von 100 % erreicht wurde. Daraus errechnet sich die **_kritische Mobilität_** mit

$$M_k = \frac{2 \cdot \epsilon}{n \cdot m} = \frac{2 \cdot 5}{40 \cdot 40} = \frac{1}{160} = 0{,}00625 \, .$$

In Reichenbach et al. (2007) und Albert et al. (2011) wurde empirisch gezeigt, dass dieser Wert tatsächlich unabhängig von der Spielfeldgröße ist.
Auf einem Spielfeld der Größe 320×320 Pixel können wir daher ab einem Wert von

$$\epsilon = \frac{1}{2} \cdot M_k \cdot n \cdot m = \frac{1}{2} \cdot \frac{1}{160} \cdot 320 \cdot 320 = 320$$

davon ausgehen, dass wir auf lange Sicht eine Aussterbewahrscheinlichkeit von 100 % erhalten.

4.5 Erweiterung auf fünf Spezies

Eine naheliegende und interessante Erweiterung des Modells ist die Untersuchung der Populationsdynamik mit mehr als drei Spezies. In diesem Abschnitt untersuchen wir daher fünf Spezies, da sich auch hier sehr einfach zyklische Dominanzen bilden lassen.

Dazu führen wir zunächst zwei weitere Zustände **2** ein, nämlich Individuen aus Spezies 4 sowie 5, s. Tab. 4.3 als Erweiterung zu Tab. 4.2.

Neben den zusätzlichen Zuständen bleibt das Modell mit Ausnahme der Selektion identisch zur Populationsdynamik mit drei Spezies. Bei der Selektion hingegen müssen wir uns wieder Gedanken darüber machen, welche Spezies sich gegenseitig besiegen. Hierzu untersuchen wir bei fünf Spezies zwei Möglichkeiten:

1. **_Einfache Dominanz._** Jede Spezies besiegt genau eine andere Spezies und wird von genau einer weiteren Sepzie besiegt, s. Abb. 4.6a.
2. **_Zweifache Dominanz._** Jede Spezies besiegt genau zwei andere Spezies und wird von genau zwei weiteren Sepzies besiegt, s. Abb. 4.6b.

Analog zur Beispielsimulation aus Abschn. 4.3 verwenden wir auch hier ein Spielfeld **1** mit 320×320 Pixeln, periodischen Randbedingungen **5** und einer zufälligen und

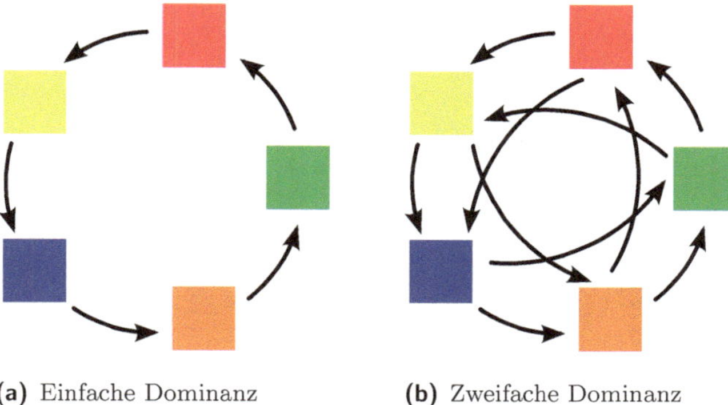

(a) Einfache Dominanz   (b) Zweifache Dominanz

Abb. 4.6 Veranschaulichung der zyklischen Dominanz in der Populationsdynamik mit fünf Spezies. In (**a**) haben wir eine einfache Dominanz, in (**b**) eine zweifache Dominanz mit jeweils zwei Jäger-Spezies

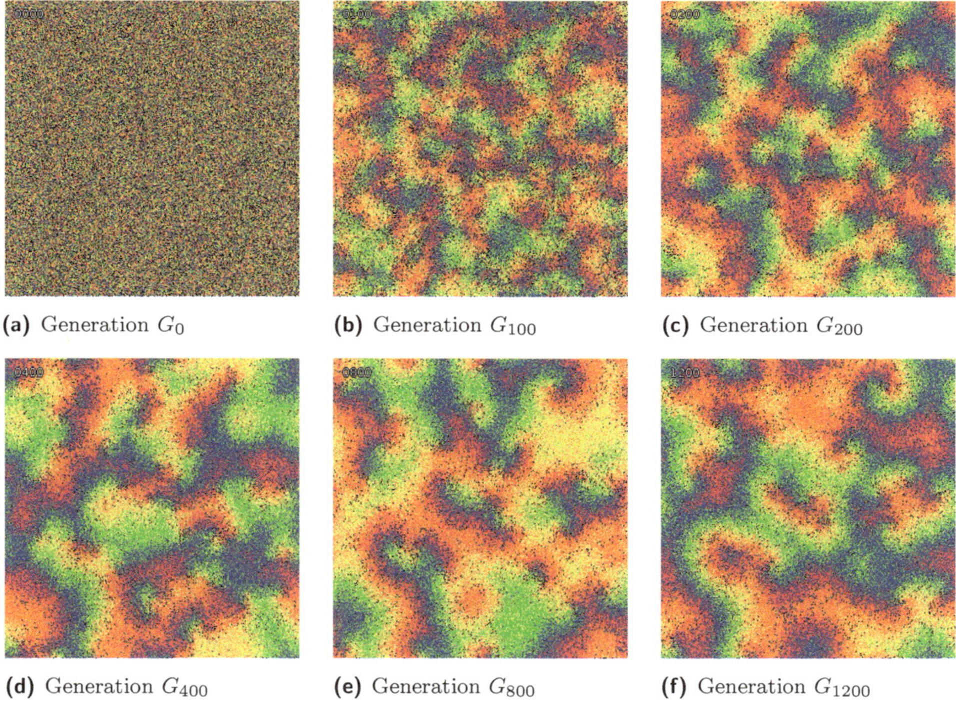

(**a**) Generation G_0 (**b**) Generation G_{100} (**c**) Generation G_{200}

(**d**) Generation G_{400} (**e**) Generation G_{800} (**f**) Generation G_{1200}

Abb. 4.7 Beispiel zur Populationsdynamik mit fünf Spezies und einfacher Dominanz auf einem zweidimensionalen Spielfeld mit 320×320 Pixeln sowie den Parametern $\mu = 1$, $\sigma = 1$ und $\epsilon = 5$. Aus der zufälligen Startkonfiguration entwickeln sich auch hier spiralförmige Strukturen, in denen jeweils alle fünf Spezies beteiligt sind

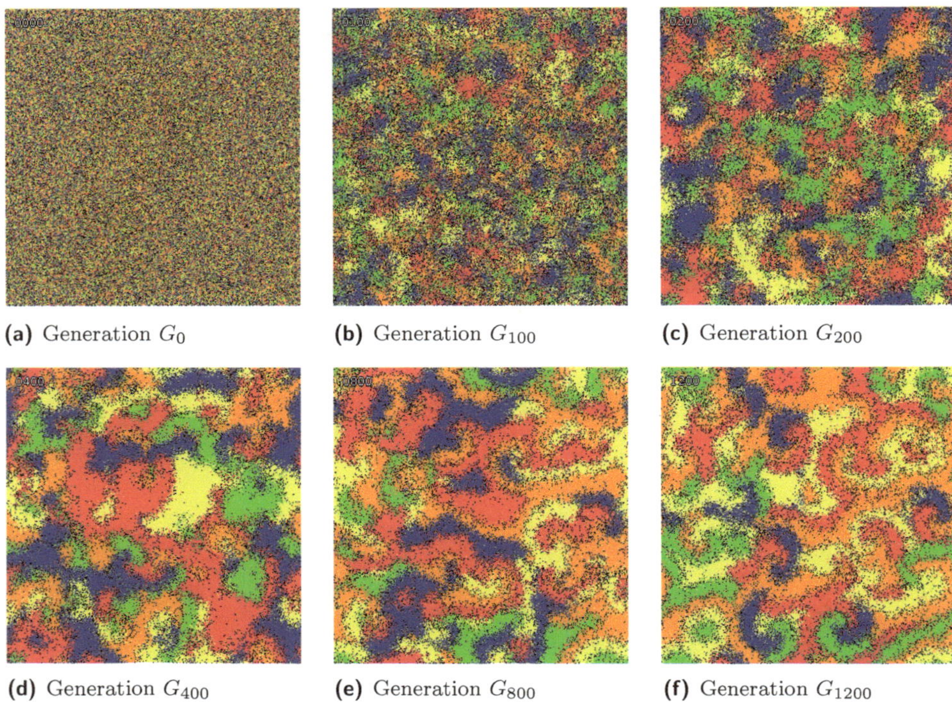

(a) Generation G_0 (b) Generation G_{100} (c) Generation G_{200}

(d) Generation G_{400} (e) Generation G_{800} (f) Generation G_{1200}

Abb. 4.8 Beispiel zur Populationsdynamik mit fünf Spezies und zweifacher Dominanz auf einem zweidimensionalen Spielfeld mit 320 × 320 Pixeln sowie den Parametern $\mu = 1$, $\sigma = 1$ und $\epsilon = 5$. Aus der zufälligen Startkonfiguration entwickeln sich nun spiralförmige Strukturen, in denen jeweils drei der fünf Spezies beteiligt sind

gleichverteilten Startkonfiguration 🔢⏻. Auch die Parameter seien wie in der Beispielsimulation

$$\mu = 1, \quad \sigma = 1 \quad \text{und} \quad \epsilon = 5\,.$$

Abb. 4.7 zeigt das Ergebnis einer Simulation mit einfacher Dominanz. Wie im oberen rechten Bildrand gut zu sehen ist, bilden sich auch hier Spiralen, bei denen alle fünf Spezies beteiligt sind.

Bei einer Simulation mit zweifacher Dominanz in Abb. 4.8 bilden sich interessanterweise Spiralen, bei denen jeweils nur drei der fünf Spezies involviert sind. Dies lässt sich damit erklären, dass jeweils drei Spezies ein eigenes System bilden, in welchem jede Spezies genau eine weitere besiegt und von der dritten Spezies geschlagen wird. Betrachtet man hier also nur einen kleinen Ausschnitt des Spielfeldes, ergibt sich das gleiche Verhalten wie zuvor in der Populationsdynamik mit drei Spezies.

Mathematisch gesehen bilden drei Spezies bei einer zweifachen Dominanz genau dann ein unabhängiges Untersystem, wenn diese drei Spezies einen gerichteten Kreis im Graphen aus Abb. 4.6b bilden. Dies ist z. B. bei

$$\text{Gelb} \rightarrow \text{Blau} \rightarrow \text{Grün} \rightarrow \text{Gelb}$$

der Fall.

Frage 4.3

?! Untersuche analog zu Abschn. 4.4 die Mobilität bzw. die Aussterbewahrscheinlichkeit bei der Populationsdynamik mit fünf Spezies und einfacher sowie
zweifacher Dominanz. Wie verhält sich bei gleicher Spielfeldgröße der kritische
Wert von ϵ im Vergleich zur Simulation mit drei Spezies?

Verkehrssimulation

5

Zusammenfassung

Das Nagel-Schreckenberg-Modell ist ein zellulärer Automat, welcher zur Simulation der Verkehrsdynamik auf Autobahnen dient. Nach der Einleitung in Abschn. 5.1 folgt die übliche Beschreibung des Modells sowie eine Beispielsimulation in den Abschn. 5.2 und 5.3. Da es sich bei der grundlegenden Simulation um eine einspurige Ringstraße handelt, lassen sich die Ergebnisse auch sehr schön als Animation darstellen, wie wir in Abschn. 5.4 beschreiben werden. Anschließend analysieren wir in Abschn. 5.5 den Verkehrsfluss in Abhängigkeit der Verkehrsdichte, bevor wir in den Abschn. 5.6 sowie 5.7 das Modell auf eine zweispurige Straße verallgemeinern.

5.1 Einleitung

In diesem Kapitel stellen wir eine Anwendung von zellulären Automaten in der Modellierung der Verkehrsdynamik auf Autobahnen vor. Dazu simulieren wir zunächst eine einspurige Ringstraße durch einen eindimensionalen zellulären Automaten. Die einzelnen Pixel können entweder leer oder durch ein Fahrzeug besetzt sein. Neben dem Beschleunigen, Bremsen und Fortbewegen der Fahrzeuge spielen Trödelwahrscheinlichkeiten eine zentrale Rolle im Modell. Durch die Einführung dieser Parameter lassen sich Staus aus dem Nichts erklären, wie wir später genauer beschreiben werden.

Bei der folgenden Beschreibung des Verkehrssimulationsmodells halten wir uns an das **Nagel-Schreckenberg-Modell** von Nagel und Schreckenberg (1992), worin die Grundlagen vieler Verallgemeinerungen geschaffen werden. Zur Vereinfachung betrachten wir daher zunächst exakt identische Fahrzeuge, die alle die gleiche Maximalgeschwindigkeit erreichen können. Weiterhin werden zunächst Überholmanöver sowie Unfälle ausgeschlossen. Nach einer genauen Vorstellung des grundlegenden Modells mit einer Beispielsimulation sowie Analyse des Verkehrsflusses präsentieren wir analog zu Nagel et al. (1998) und Knospe et al. (2002) eine Erweiterung des Modells auf mehrere Fahrspuren.

D. Scholz, *Pixelspiele*, DOI 10.1007/978-3-642-45131-7_5,
© Springer-Verlag Berlin Heidelberg 2014

Tab. 5.1 Übersicht der Parameter in der Verkehrssimulation

p	Trödelwahrscheinlichkeit für Fahrzeuge mit Geschwindigkeiten $v > 0$
p_0	Trödelwahrscheinlichkeit für Fahrzeuge mit der Geschwindigkeit $v = 0$
ρ	Fahrzeugdichte

Wie auch in Treiber und Kesting (2010) beschrieben, ist das Nagel-Schreckenberg-Modell neben vielen vergleichsweise komplizierten und kontinuierlichen Modellen ein sehr einfaches und realistisches Modell. Mithilfe weiterer Verallgemeinerungen gibt es heutzutage Forschungsprojekte, s. etwa Weber et al. (2006), in denen der gesamte Autobahnverkehr in Nordrhein-Westfalen durch das Nagel-Schreckenberg-Modell simuliert sowie prognostiziert werden kann. Wir halten uns dennoch in diesem Buch an die grundlegenden und einfachsten Modelle, obwohl sich viele mögliche Erweiterungen wie z. B. unterschiedliche Maximalgeschwindigkeiten der Fahrzeuge, Straßenverengerungen, Geschwindigkeitsbeschränkungen oder Ähnliches sehr einfach umsetzen lassen.

5.2   Beschreibung des Modells

Im Modell zur Verkehrssimulation beginnen wir mit einer geraden und einspurigen Straße, die wir als eindimensionales Spielfeld mit n Pixeln simulieren. Wie auch z. B. in Treiber und Kesting (2010) vorgeschlagen, entspricht dabei jedes Pixel einem Straßenabschnitt von etwa 7,5 m. Diese Länge entspricht im Stau bzw. Stillstand einem Auto inklusive Mindestabstand zum nächsten Fahrzeug.

Beeinflusst wird die Simulation im Wesentlichen durch drei Parameter, nämlich durch eine **Trödelwahrscheinlichkeit** p für Fahrzeuge, die bereits fahren, durch eine **Trödelwahrscheinlichkeit** p_0 für Fahrzeuge, die im Stau stehen und damit eine Geschwindigkeit von $v = 0$ haben, sowie durch die **Fahrzeugdichte** ρ, welche während der gesamten Simulation konstant bleibt, s. Tab. 5.1.

Da es sich bei allen drei Parametern um Wahrscheinlichkeiten handelt, sind hier nur Werte aus dem Intervall $[0,1]$ sinnvoll. Weiterhin sollte $p_0 \geq p$ gewählt werden, da Verzögerungen durch Trödeln beim Anfahren deutlich größer sind als beim Beschleunigen oder Fahren.

5.2.1   Beschreibung der Zustände

Jedes Pixel kann entweder leer oder durch ein Fahrzeug belegt sein. Die Fahrzeuge haben zudem eine diskrete Geschwindigkeit v_j, wobei v_j bedeutet, dass sich das Fahrzeug im nächsten Schritt um j Pixel fortbewegt.

Tab. 5.2 Übersicht der Zustände in der Verkehrssimulation

Zustand	Farbe	Beschreibung
q_0		Fahrzeug mit der Geschwindigkeit v_0
q_1		Fahrzeug mit der Geschwindigkeit v_1
q_2		Fahrzeug mit der Geschwindigkeit v_2
q_3		Fahrzeug mit der Geschwindigkeit v_3
q_4		Fahrzeug mit der Geschwindigkeit v_4
q_5		Fahrzeug mit der Geschwindigkeit v_5
q_6		kein Fahrzeug

Unter der Annahme, dass ein Pixel einem Straßenabschnitt von 7,5 m und ein Zeitschritt $t_{k+1} - t_k$ einer Sekunde entspricht, ergibt sich für v_1 eine Geschwindigkeit von 27 km/h. Allgemeiner gilt:

$$v_j = j \cdot \frac{7{,}5\,\text{m}}{1\,\text{s}} = j \cdot \frac{\frac{1}{1000} \cdot 7{,}5\,\text{km}}{\frac{1}{3600}\,\text{h}} = j \cdot 27\,\text{km/h} \, .$$

Mit dieser Rechnung erscheint eine Maximalgeschwindigkeit von $v_{max} = v_5$ als sinnvoll, was der Geschwindigkeit $v_{max} = 135$ km/h entspricht.

Eine Übersicht aller Zustände 2 im Verkehrssimulationsmodell unter diesen Annahmen kann Tab. 5.2 entnommen werden.

5.2.2 Beschreibung der Schritte

Die Berechnung der Schritte 4 erfolgt bei der Verkehrssimulation in den folgenden vier Teilschritten, wodurch sich die Fahrzeuge von links nach rechts fortbewegen.

Zudem verwenden wir periodische Randbedingungen 5, sodass die Fahrzeuge anschaulich stets im Kreis fahren und die Fahrzeugdichte, wie eingangs bereits beschrieben, konstant bleibt. Dies bedeutet, dass kein Fahrzeug hinzukommen oder die Straße verlassen kann.

Weiterhin sei bemerkt, dass die Reihenfolge der Teilschritte für die folgenden Simulationen äußerst wichtig ist.

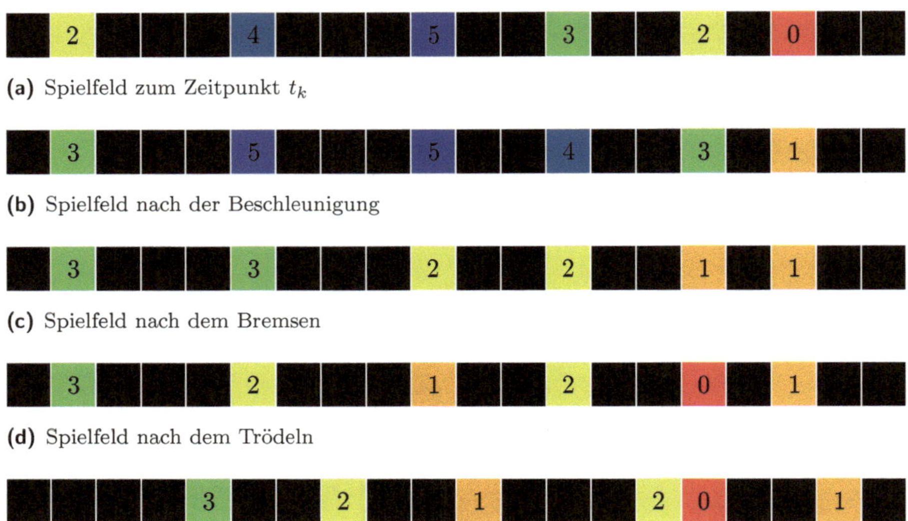

(a) Spielfeld zum Zeitpunkt t_k

(b) Spielfeld nach der Beschleunigung

(c) Spielfeld nach dem Bremsen

(d) Spielfeld nach dem Trödeln

(e) Spielfeld nach der Fortbewegung und damit Spielfeld zum Zeitpunkt t_{k+1}

Abb. 5.1 Beispiel für Regeln auf einem Straßenabschnitt bestehend aus 20 Pixeln. Teil **(a)** zeigt das Spielfeld zum Zeitpunkt t_k und **(b)** das Spielfeld nach der Beschleunigung. Teil **(c)** zeigt den Straßenabschnitt nach dem Bremsen. Die Fahrzeuge wurden abgebremst, sodass sich Fahrzeuge weder überholen noch kollidieren. Nur im folgenden Teilschritt, dem Trödeln, spielt der Zufall eine entscheidende Rolle, s. **(d)**. Im Beispiel haben drei der sechs Fahrzeuge getrödelt. Das Spielfeld nach der Fortbewegung und damit zum Zeitpunkt t_{k+1} ist schließlich in **(e)** zu sehen

5.2.2.1 Beschleunigen

Bei allen Fahrzeugen, die noch nicht ihre Maximalgeschwindigkeit erreicht haben, erhöht sich die Geschwindigkeit um eine Einheit von v_j auf v_{j+1}, s. Abb. 5.1b.

5.2.2.2 Bremsen

Falls nötig, wird die Geschwindigkeit der Fahrzeuge reduziert, damit es weder zu Überholungen noch zu Kollisionen kommen kann, s. Abb. 5.1c. Dies bedeutet, dass nach dem Bremsen mindestens j Pixel rechts vom Pixel x_i leer sind, falls x_i ein Fahrzeug mit der Geschwindigkeit x_j ist.

Damit hängt der Zustand von x_i von den fünf Pixeln rechts von x_i ab, was eine 5-Nachbarschaft 3 ⬆⬆ erklärt.

5.2.2.3 Trödeln

Alle Fahrzeuge mit einer Geschwindigkeit von v_1 verringern ihre Geschwindigkeit mit einer Wahrscheinlichkeit von p_0 um eine Einheit auf v_0. Alle Fahrzeuge mit einer Geschwindigkeit von $v_j > v_1$ verringern ihre Geschwindigkeit mit einer Wahrscheinlichkeit von p um eine Einheit auf v_{j-1}, s. Abb. 5.1d.

Da im ersten Teilschritt alle Fahrzeuge beschleunigt wurden, entspricht p_0, wie zuvor beschrieben, gerade der Trödelwahrscheinlichkeit für Fahrzeuge, die im Schritt zuvor eine Geschwindigkeit von $v_0 = 0$ km/h hatten und damit im Stau standen.

5.2.2.4 Fortbewegung

Schließlich bewegen sich alle Fahrzeuge gemäß ihrer Geschwindigkeit nach rechts fort, s. Abb. 5.1e.

Damit hängt der Zustand von x_i nach der Fortbewegung von den fünf Pixeln links von x_i ab, was wiederum die 5-Nachbarschaft erklärt.

5.2.3 Startkonfiguration

Bislang wurde die Fahrzeugdichte ρ noch an keiner Stelle verwendet, dies ändert sich nun bei der Erzeugung einer Startkonfiguration.

Bei allen folgenden Simulationen wird die Startkonfiguration 6 ⏻ zufällig ermittelt. Dabei gilt, dass jedes Pixel mit einer Wahrscheinlichkeit von ρ durch ein Fahrzeug belegt und mit einer Wahrscheinlichkeit von $1 - \rho$ leer ist. Wir erwarten damit im Durchschnitt

$$n \cdot \rho$$

Fahrzeuge auf dem Spielfeld. Falls es sich bei einem Pixel um ein Fahrzeug handelt, wird eine zufällige Geschwindigkeit von v_0 bis v_5 ermittelt.

Frage 5.1

?! Was würde passieren, wenn sich nur wenige Fahrzeuge auf dem Spielfeld befinden (zum Beispiel $\rho = 0{,}1$, sodass im Mittel nur jedes zehnte Pixel durch ein Fahrzeug belegt ist) und der Teilschritt Trödeln nicht durchgeführt werden würde?

5.2.4 Formulierung als Algorithmus

Damit sind alle Größen bzw. Eigenschaften der Verkehrssimulation beschrieben, und wir fassen das Modell in Algorithmus 5.1 zusammen.

Algorithnmus 5.1 Zellulärer Automat zur Verkehrssimulation
(1) Wähle ein eindimensionales Spielfeld mit n Pixeln sowie die Trödelwahrscheinlichkeiten p und p_0 und eine Fahrzeugdichte ρ. Setze $k = 0$.

(2) Erzeuge eine Startkonfiguration zum Zeitpunkt t_0, wie zuvor in Abschn. 5.2.3 beschrieben.

(3) Führe den Teilschritt Beschleunigung durch.

(4) Führe den Teilschritt Bremsen durch.

(5) Führe den Teilschritt Trödeln durch.

(6) Führe den Teilschritt Fortbewegen durch.

(7) Setze $k = k + 1$ und speichere das Spielfeld zum Zeitpunkt t_k als Generation G_k.

(8) Gehe zu Schritt (3) oder beende, falls k eine zuvor definierte Grenze überschritten hat.

5.3   Beispielsimulation

In der Beispielsimulation verwenden wir ein Spielfeld mit $n = 800$ Pixeln sowie die Trödelwahrscheinlichkeiten

$$p = p_0 = 0{,}15 \, .$$

Zur Erzeugung der Startkonfiguration wählen wir eine Fahrzeugdichte von

$$\rho = 0{,}2 \, .$$

Damit erwarten wir im Durchschnitt

$$n \cdot \rho = 800 \cdot 0{,}2 = 160$$

Fahrzeuge mit unterschiedlichen Geschwindigkeiten auf dem Spielfeld.

Mit diesen Vorgaben erhalten wir das Ergebnis aus Abb. 5.2. Jede Zeile entspricht dabei genau einer Generation und damit einer Sekunde, wobei die Startgeneration G_0 in der untersten Zeile zu finden ist.

Es ist gut zu erkennen, wie Staus entstehen, die sich mit der Zeit von rechts nach links, also entgegen der Fahrtrichtung, ausbreiten. Zudem bewirkt das Trödeln die Entstehung von **Staus aus dem Nichts**, wie es auch in Abb. 5.2 zu sehen ist.

Einzig und alleine zur schöneren und übersichtlicheren Darstellung lässt sich neben der üblichen Pixel-Zustands-Ansicht bei der Verkehrssimulation auch die **Flussdarstellung** verwenden. Dabei werden alle Pixel ohne Fahrzeug in der Farbe des jeweils von links anfahrenden Fahrzeuges dargestellt, wobei auch hier die periodischen Randbedingungen beachtet werden, s. Abb. 5.3.

In Abb. 5.4 ist die exakt identische Beispielsimulation wie zuvor zu sehen, nun aber in der Flussdarstellung.

Abb. 5.2 Beispiel zur Verkehrssimulation auf einem Spielfeld mit $n = 800$ Pixeln sowie den Parametern $p = p_0 = 0{,}15$ und $\rho = 0{,}2$. Dargestellt sind die ersten 320 Generationen, wobei anders als beim eindimensionalen Universum aus Abschn. 1.4 die Startgeneration G_0 in der untersten Zeile zu finden ist. Ein Stau aus dem Nichts ist z. B. bei Pixel 600 und Generation G_{200} entstanden

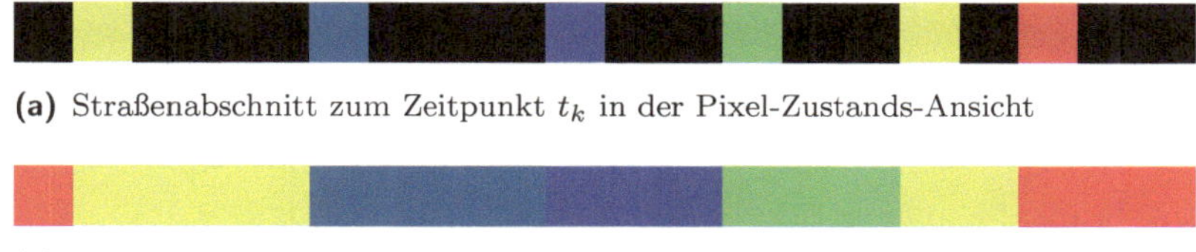

(a) Straßenabschnitt zum Zeitpunkt t_k in der Pixel-Zustands-Ansicht

(b) Straßenabschnitt zum Zeitpunkt t_k in der Flussdarstellung

Abb. 5.3 Vergleich zwischen der üblichen Pixel-Zustands-Ansicht **(a)** und der Flussdarstellung **(b)**, bei welcher alle Pixel ohne Fahrzeug nicht in *Schwarz*, sondern in der *Farbe* des jeweils von links anfahrenden Fahrzeuges dargestellt werden

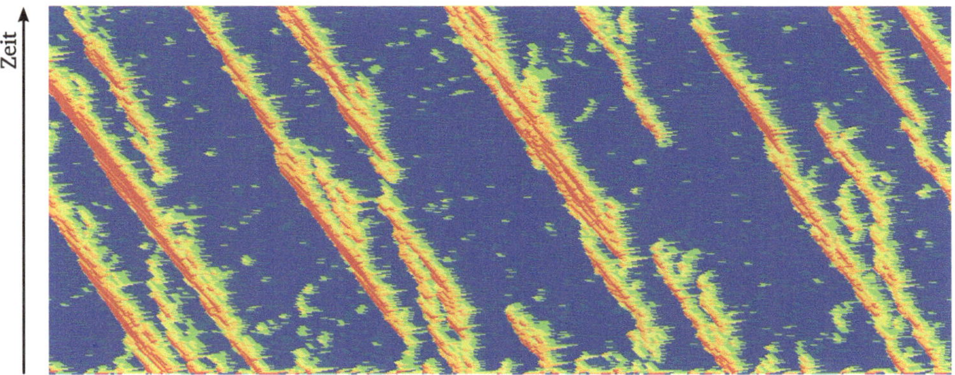

Abb. 5.4 Die exakt identische Simulation wie zuvor, s. Abb. 5.2, nun aber in der Flussdarstellung

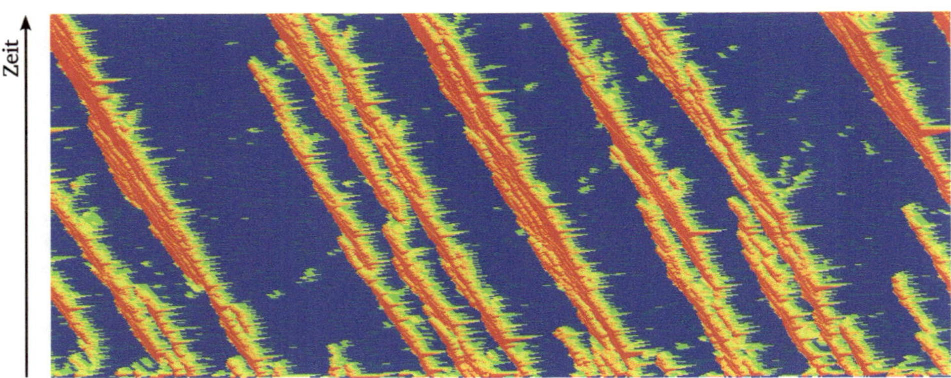

Abb. 5.5 Gleiches Beispiel zur Verkehrssimulation wir zuvor, nun aber mit den Parametern p = 0,15, p_0 = 0,30 und ρ = 0,2. In der Flussdarstellung ist deutlich zu erkennen, dass sich die Struktur der Staus ändert. Zudem bewegen sich die Stauwellen im Vergleich zur Simulation zuvor langsamer entgegen der Fahrtrichtung

Abschließend variieren wir die Trödelwahrscheinlichkeiten und verwenden nun

$$p = 0{,}15 \quad \text{und} \quad p_0 = 0{,}30\,,$$

s. Abb. 5.5. Alle anderen Eingangsgrößen bleiben unverändert.

Erwartungsgemäß entstehen mehr Stauwellen und es ergeben sich längere Haltephasen, was an der Anzahl der roten Pixel zu erkennen ist. Die Stauwellen bewegen sich auch hier entgegen der Fahrtrichtung, im Vergleich zur Simulation zuvor allerdings langsamer.

> **Frage 5.2**
> **?!** Wie lässt sich anhand der Abb. 5.4 und 5.5 erkennen, dass sich die Stauwellen bei p_0 = 0,30 langsamer entgegen der Fahrtrichtung bewegen im Vergleich zur Simulation mit p_0 = 0,15?

5.4 Animation

Neben der Pixel-Zustands-Ansicht und der Flussdarstellung lassen sich die Simulationsergebnisse im Verkehrsmodell auch in einer Animation veranschaulichen, was wir in diesem Abschnitt kurz beschreiben wollen.

Dazu haben wir eine Simulation mit n = 80 Pixeln sowie den Parametern

$$p = p_0 = 0{,}15 \quad \text{und} \quad \rho = 0{,}20$$

Abb. 5.6 Pixel-Zustands-Ansicht der ersten 200 Generationen auf einem Spielfeld mit $n = 80$ Pixeln sowie $p = p_0 = 0{,}15$ und $\rho = 0{,}2$. Genau diese Simulation wurde in einer Animation mit acht Frames pro Generation veranschaulicht, s. auch Abb. 5.7

durchgeführt, s. Abb. 5.6.

Aus diesen Simulationsergebnissen wurde nun, wie in Abb. 5.7 veranschaulicht, eine Animation erzeugt.

Dazu wurde jede Generation bildlich als Straßenabschnitt mit Fahrzeugen dargestellt, wobei alle Fahrzeuge unabhängig von ihrer Geschwindigkeit in Rot veranschaulicht wurden. Die Position der Fahrzeuge ist jeweils identisch mit der Position der Pixel in der zugehörigen Generation.

Um die Animation langsamer und detaillierter ablaufen zu lassen, wurden zwischen zwei Generationen jeweils acht **Frames**, also Einzelbilder, berechnet. Dies bedeutet, dass

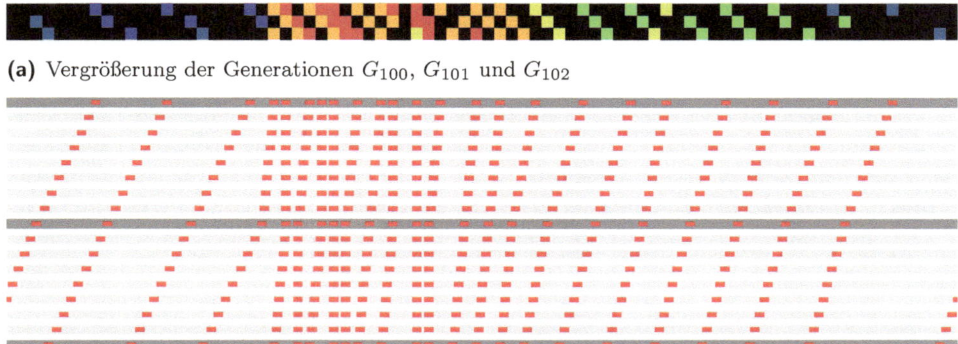

(a) Vergrößerung der Generationen G_{100}, G_{101} und G_{102}

(b) Veranschaulichung zur Erzeugung einer Animation aus der Pixel-Zustands-Ansicht

Abb. 5.7 Teil **(a)** zeigt von unten nach oben die Generationen G_{100}, G_{101} und G_{102} in der Pixel-Zustands-Ansicht. Die zugehörige Verbildlichung dieser Generationen ist in **(b)** dargestellt. Die unterste Zeile bildet dabei die Generation G_{100} ab. Von unten nach oben sind die folgenden 16 Frames zu sehen, wobei die zur Verdeutlichung *dunkelgrau* hinterlegten Zeilen exakt der Generation aus **(a)** entsprechen. In *Hellgrau* sind die zusätzlichen Einzelbilder dargestellt, die jeweils zur detaillierteren Animation zwischen zwei Generationen berechnet wurden

sich die Fahrzeuge von Frame zu Frame um ein Achtel ihrer eigentlichen Geschwindigkeit fortbewegen, sodass sich insgesamt ein animierter Verkehrsfluss ergibt.

5.5 Fundamentaldiagramm

In jedem Verkehrsmodell ist der *Verkehrsfluss* von zentraler Bedeutung. Diese Größe gibt an, wie viele Fahrzeuge pro Zeiteinheit eine bestimmte Straßenmarkierung im Durchschnitt passieren. Im Allgemeinen ist man daran interessiert, den Verkehrsfluss zu maximieren, damit möglichst viele Fahrzeuge pro Zeitintervall an ihr Ziel kommen.

In diesem Abschnitt untersuchen wir den Einfluss der Fahrzeugdichte ρ sowie der Trödelparameter auf den Verkehrsfluss. Um diesen zu messen, simulieren wir eine Ringstraße mit $n = 1000$ Pixeln. Nun zählen wir für jede Simulation mit variierender Fahrzeugdichte die Anzahl der Fahrzeuge, die in den ersten 10 000 Schritten eine bestimmte Stelle passieren, z. B. den rechten Bildrand in der Pixel-Zustands-Ansicht. Es sei bemerkt, dass pro Schritt maximal ein Fahrzeug die Markierung passieren kann, da sich die Fahrzeuge nicht überholen.

Nach jeder Simulation mit unterschiedlicher Fahrzeugdichte wird die Anzahl der gezählten Fahrzeuge durch 10 000 geteilt. Damit ergibt sich ein von der Anzahl der gewählten Schritte unabhängiger Verkehrsfluss, nämlich eine Zahl aus dem Intervall $[0,1]$. Ein Verkehrsfluss von 0,6 bedeutet beispielsweise, dass im Durchschnitt 60 Fahrzeuge pro 100 Schritte oder 6000 Fahrzeuge pro 10 000 Schritte die Markierung passiert haben.

Die Auftragung des Verkehrsflusses über der Fahrzeugdichte wird als *Fundamentaldiagramm* bezeichnet. Abb. 5.8 zeigt das Fundamentaldiagramm für vier unterschiedliche Trödelwahrscheinlichkeiten.

Erwartungsgemäß ergibt sich bei allen Trödelwahrscheinlichkeiten für eine Fahrzeugdichte von $\rho = 0$ oder von $\rho = 1$ ein Verkehrsfluss von 0, denn in diesen beiden Fällen kann sich kein Fahrzeug bewegen. Weiterhin ist ein maximaler Verkehrsfluss jeweils für vergleichsweise kleine Fahrzeugdichten zu erkennen, und zudem nimmt der Verkehrsfluss, wie erwartet, für größere Trödelwahrscheinlichkeiten kleinere Werte an.

Frage 5.3

Das Fundamentaldiagramm aus Abb. 5.8 wurde für eine Maximalgeschwindigkeit von $v_{max} = v_5$ berechnet. Wie wird sich der maximale Verkehrsfluss in Abhängigkeit der Fahrzeugdichte verändern, wenn beispielsweise $v_{max} = v_1$ verwendet wird?

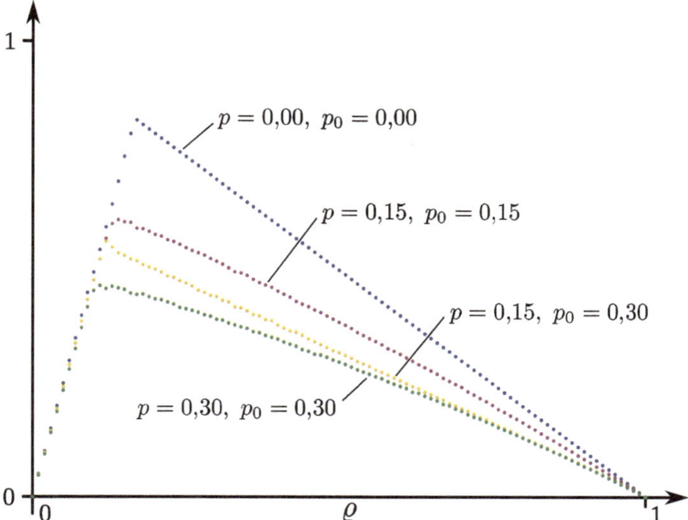

Abb. 5.8 Darstellung des Verkehrsflusses in Abhängigkeit der Fahrzeugdichte als Fundamentaldiagramm für vier unterschiedliche Trödelwahrscheinlichkeiten p und p_0. Der maximale Verkehrsfluss wird jeweils bei einer recht kleinen Fahrzeugdichte angenommen

5.6 Erweiterung auf zwei Spuren

Bislang haben wir eine einspurige Ringstraße ohne Überholmanöver untersucht, obwohl sich das Modell, wie z. B. in Nagel et al. (1998) beschrieben, recht einfach verallgemeinern lässt.

In diesem Abschnitt erweitern wir das Verkehrssimulationsmodell auf zwei Spuren und verwenden dazu zwei Spielfelder mit jeweils n Pixeln. Dabei werden beide Fahrspuren als exakt identisch angenommen, sodass zunächst kein ***Rechtsfahrgebot*** gilt. Das bisherige Modell für einspurige Straßen lässt sich nun auf beide Spuren unabhängig voneinander anwenden. Nur bei einem ***Spurwechsel*** kommt es zu einer Interaktion der beiden Spuren bzw. Spielfelder. Daher führen wir zum Beginn eines jeden Schrittes einen Spurwechsel-Teilschritt durch.

5.6.1 Spurwechsel

Neben der Fahrzeugdichte und den Trödelwahrscheinlichkeiten verwenden wir einen weiteren Parameter, die ***Spurwechselwahrscheinlichkeit***, s. Tab. 5.3. Dieser Parameter gibt an, mit welcher Wahrscheinlichkeit ein Spurwechsel durchgeführt wird, sofern alle weiteren Bedingungen für einen Spurwechsel erfüllt sind.

Tab. 5.3 Die Spurwechselwahrscheinlichkeit als weiterer Parameter in der Verkehrssimulation

c Spurwechselwahrscheinlichkeit im Verkehrsmodell mit zwei Spuren

Abb. 5.9 Beispiel zum Spurwechsel im Verkehrssimulationsmodell auf einer zweispurigen Ringstraße mit $n = 20$ Pixeln sowie linker Spur oben und rechter Spur unten. Die drei *Hellgrau*
hervorgehobenen Pixel erfüllen die beiden Bedingungen zum Spurwechsel, sodass diese drei Pixel
mit einer Wahrscheinlichkeit von c ihre Spur wechseln

Genauer kommt es bei einem Fahrzeug-Pixel mit einer Geschwindigkeit von v_j genau
dann mit einer Wahrscheinlichkeit von c zu einem Spurwechsel, wenn die folgenden beiden Bedingungen ❹◗◗ gleichzeitig zum Beginn eines Schrittes erfüllt sind:

1. *Behinderung auf der eigenen Spur*: Mindestens eines der $j + 1$ Vorgänger-Pixel auf der
   eigenen Spur ist nicht-leer, also durch ein Fahrzeug belegt.
2. *Freiraum auf der anderen Spur*: Die 5 Nachfolger-Pixel, das Fahrzeug-Pixel selbst sowie die $j + 1$ Vorgänger-Pixel jeweils auf der anderen Spur sind leer.

Ein Beispiel zu diesen Bedingungen kann Abb. 5.9 entnommen werden. Dabei handelt
es sich um eine zweispurige Ringstraße mit $n = 20$ Pixeln und insgesamt elf Fahrzeugen,
die wie zuvor von links nach rechts fahren.

In der oberen, also linken Fahrspur sind die beiden Bedingungen für einen Spurwechsel
nur bei dem einen Fahrzeug-Pixel mit der Geschwindigkeit v_3 erfüllt. Denn hier befindet
sich in den $3 + 1 = 4$ Vorgänger-Pixeln auf der eigenen Spur ein Fahrzeug, und auf der
anderen, also rechten Spur ist genügend Freiraum vorhanden, denn die 5 Pixel hinter dem
Fahrzeug, das Pixel neben dem Fahrzeug und die $3 + 1 = 4$ Pixel vor dem Fahrzeug sind
leer.

In der unteren, also rechten Fahrspur erfüllen zwei Fahrzeuge die Bedingungen für
einen Spurwechsel, sodass beide Fahrzeuge mit einer Wahrscheinlichkeit von c ihre Spur
wechseln, obwohl sie zur Zeit direkt hintereinander fahren.

Frage 5.4

?! Wie lässt sich das Rechtsfahrgebot im Modell integrieren? Wie könnte man bei-
.. spielsweise simulieren, dass in der rechten Fahrspur vor allem Lkw fahren?

5.6.2   Formulierung als Algorithmus

Zur Verdeutlichung der Vorgehensweise beim zweispurigen Verkehrssimulationsmodell formulieren wir dieses nochmals in Algorithmus 5.2.

Algorithnmus 5.2 Zellulärer Automat zur Verkehrssimulation mit zwei Spuren

(1) Wähle zwei Spielfelder mit jeweils n Pixeln sowie die Trödelwahrscheinlichkeiten p und p_0, eine Fahrzeugdichte ρ und eine Spurwechselwahrscheinlichkeit c. Setze $k = 0$.

(2) Erzeuge für beide Spielfelder bzw. Spuren eine Startkonfiguration zum Zeitpunkt t_0, wie in Abschn. 5.2.3 beschrieben.

(3) Führe den Teilschritt Spurwechsel durch, bei dem die beiden Spielfelder bzw. Spuren miteinander interagieren.

(4) Führe den Teilschritt Beschleunigung unabhängig voneinander für beide Spielfelder bzw. Spuren durch.

(5) Führe den Teilschritt Bremsen unabhängig voneinander für beide Spielfelder bzw. Spuren durch.

(6) Führe den Teilschritt Trödeln unabhängig voneinander für beide Spielfelder bzw. Spuren durch.

(7) Führe den Teilschritt Fortbewegen unabhängig voneinander für beide Spielfelder bzw. Spuren durch.

(8) Setze $k = k + 1$ und speichere das Spielfeld beider Spuren zum Zeitpunkt t_k als Generation G_k.

(9) Gehe zu Schritt (3) oder beende, falls k eine zuvor definierte Grenze überschritten hat.

5.7   Beispielsimulation

Auch in der Beispielsimulation zum zweispurigen Verkehrssimulationsmodell verwenden wir $n = 800$ Pixel 1 sowie die Trödelwahrscheinlichkeiten und die Fahrzeugdichte

$$p = p_0 = 0{,}15 \quad \text{und} \quad \rho = 0{,}2 \,.$$

Als Spurwechselwahrscheinlichkeit wählen wir

$$c = 0{,}8 \,,$$

sodass im Durchschnitt vier von fünf Fahrzeugen, die beide Bedingungen zum Spurwechsel erfüllen, auch tatsächlich die Spur wechseln.

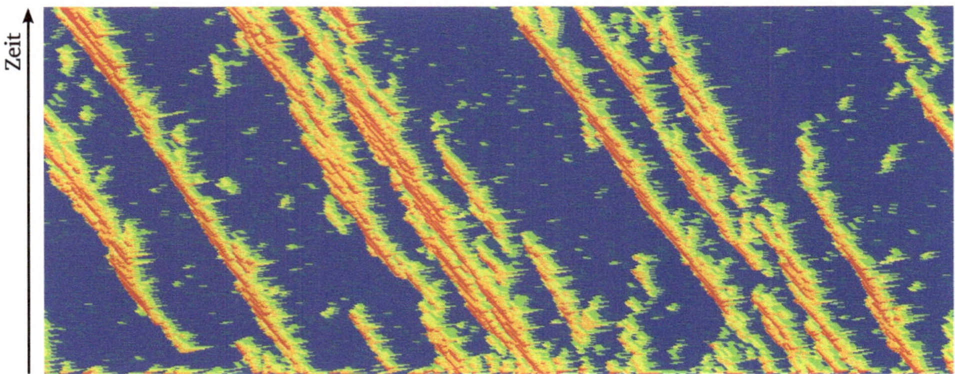

(a) Flussdarstellung der linken Fahrspur

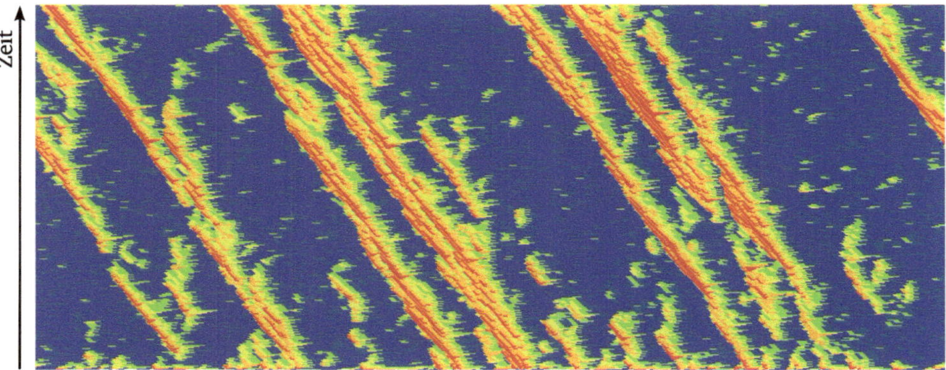

(b) Flussdarstellung der rechten Fahrspur

Abb. 5.10 Ergebnisse der Beispielsimulation im zweispurigen Verkehrssimulationsmodell mit $n = 800$ Pixeln sowie den Parametern $p = p_0 = 0{,}15$, $\rho = 0{,}2$ und $c = 0{,}8$. Dargestellt ist die Flussdarstellung der linken Fahrspur in (**a**) sowie die Flussdarstellung der rechten Fahrspur in (**b**)

Abb. 5.10 zeigt die Ergebnisse einer Simulation in der Flussdarstellung.

Bemerkenswerterweise ist zu erkennen, dass Stauwellen zu gleichen Zeitpunkten auch jeweils an den ungefähr gleichen Straßenabschnitten auftreten.

Frage 5.5

?! Würden auch mit $c = 0$ oder $c = 1$ Stauwellen zu gleichen Zeitpunkten jeweils an den ungefähr gleichen Straßenabschnitten auftreten?

Natürlich lassen sich analog zum einspurigen Modell auch die Ergebnisse im zweispurigen Verkehrssimulationsmodell als Animation darstellen. Dazu zeigt Abb. 5.11 einen kleinen Ausschnitt aus einer Simulation mit $n = 80$ Pixeln.

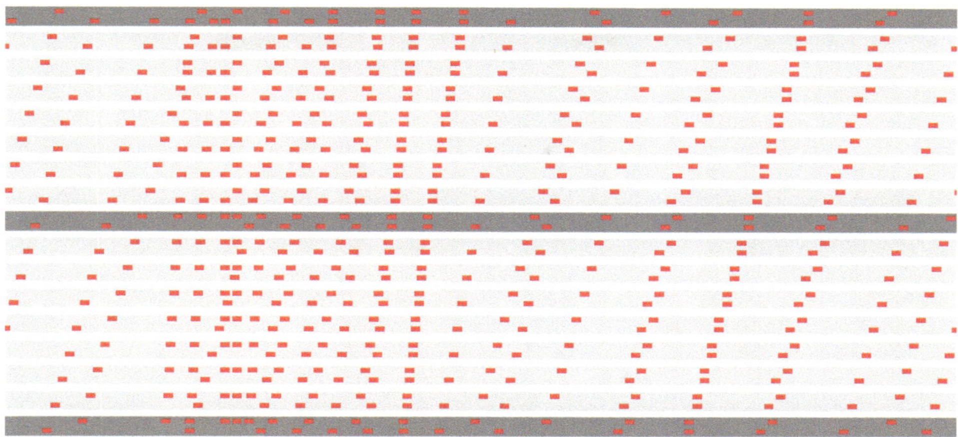

Abb. 5.11 Veranschaulichung der Generationen G_{76}, G_{77} und G_{78} sowie deren zusätzlichen Einzelbilder oder Frames einer Simulation im zweispurigen Verkehrsmodell, chronologisch von unten nach oben, vgl. auch Abb. 5.7. Zu Beginn von Schritt 78 kam es zu einem Spurwechsel von drei Fahrzeugen, welche von der oberen (linken) Spur auf die untere (rechte) Spur gewechselt haben

Frage 5.6

?!   Identifiziere die drei Fahrzeuge in Abb. 5.11, die zu Beginn von Schritt 78 einen Spurwechsel durchgeführt haben.

Eine interessante weiterführende Auswertung ist die Analyse der Anzahl der Spurwechselereignisse, s. Nagel et al. (1998). Darauf wollen wir an dieser Stelle aber nicht weiter eingehen.

Evakuierungsmodell 6

Zusammenfassung

Neben der Analyse von Fahrzeugflüssen im Verkehrsmodell lassen sich auch Personenströme untersuchen. Als Beispiel hierzu betrachten wir in diesem Kapitel ein Evakuierungsmodell, in welchem Personen nach dem Auslösen eines Alarms in Richtung des nächstgelegenen Ausganges strömen. Nach einer kurzen Einleitung in Abschn. 6.1 folgt die übliche detaillierte Beschreibung des Modells in Abschn. 6.2. Als Beispiele zeigen wir anschließend in Abschn. 6.3 die Szenarien einer Evakuierung in einem Labyrinth und in einem Kino. Schließlich definieren wir in Abschn. 6.4 das Fundamentaldiagramm als Auftragung des Personenflusses in Abhängigkeit des Personendichte.

6.1 Einleitung

Neben der Simulation von Verkehrsflüssen auf Autobahnen, wie in Kap. 5 beschrieben, lassen sich auch Fußgängerströme mit zellulären Automaten modellieren. Eine interessante Anwendung davon ist die Evakuierungssimulation, welche wir in diesem Kapitel vorstellen werden. Der Startzeitpunkt t_0 wird dabei jeweils so gewählt, dass gerade ein Alarm ausgelöst wird.

Weiterhin machen wir die Annahme, dass alle Personen rational und unabhängig von den anderen handeln sowie den kürzesten Weg zum nächstgelegenen Ausgang kennen und diesen auch nutzen möchte. Es ist also nicht möglich, einen längeren Weg zu nehmen, um Stauungen aus dem Weg zu gehen. Die Personen stehen somit im Wettkampf miteinander, werden sich gegenseitig dennoch nicht verletzen.

In Simon und Gutowitz (1988) wurde eines der ersten Modelle zur Simulation von Verkehrsflüssen mithilfe eines zellulären Automaten vorgestellt, welches auch zur Beschreibung von Personenströmen geeignet ist. Eine Erweiterung speziell für bidirektional genutzte Fußwege ist in Blue und Adler (1999) zu finden. Weitere Modelle zur Analyse der Dynamik von Fußgängerströmen können z. B. Minoru und Yoshihiro (1999) und Mura-

D. Scholz, *Pixelspiele*, DOI 10.1007/978-3-642-45131-7_6,
© Springer-Verlag Berlin Heidelberg 2014

matsu et al. (1999) entnommen werden. Anwendungen von zellulären Automaten in der Simulation von Personenströmen speziell bei Evakuierungen werden in Burstedde et al. (2001) und Borrmann et al. (2012) beschrieben.

Unsere folgenden Beschreibungen beginnen mit einem Modell, welches sich aufgrund der einfachen Berechnung der kürzesten Wege zum nächstgelegenen Ausgang vor allem für Szenarien mit horizontalen und vertikalen Gängen eignet.

6.2   Beschreibung des Modells

Anders als in der Verkehrssimulation untersuchen wir hier ein zweidimensionales Spielfeld der Größe $m \times n$, welches einen Raum bzw. eine Fläche darstellt, die zu evakuieren ist. Von zentraler Bedeutung wird später die Startkonfiguration sein, denn genau damit wird das Evakuierungsszenario modelliert.

6.2.1   Beschreibung der Zustände

Ein Spielfeld besteht aus Wänden, Ausgängen sowie freien Flächen, auf denen sich Personen bewegen können. Bei den Personen unterscheiden wir zwischen drei Gruppen:

1. Personen, die ihren Fluchtweg im letzten Schritt der Simulation verkürzen konnten.
2. Personen, die sich im letzten Schritt der Simulation bewegt haben, aber ihren Fluchtweg nicht verkürzen konnten.
3. Personen, die sich im letzten Schritt nicht bewegt haben.

Es sei bemerkt, dass die Unterteilung der Personen in diese Gruppen einzig und allein der späteren Darstellung dient. Denn hierdurch können für die Personen-Pixel unterschiedliche Farben gewählt werden, welche das Fortbewegen der Personen veranschaulichen. Eine Übersicht der insgesamt sechs Zustände ist Tab. 6.1 zu entnehmen.

In den folgenden Beispielen werden wir stets eine Startkonfiguration G_0 wählen, die nur aus den Zuständen q_1 bis q_4 besteht. Dies bedeutet, dass sich alle Personen zum Startzeitpunkt frei bewegen und es zu keinen gegenseitigen Behinderungen kommt, s. z. B. Abb. 6.1a. Der Startzeitpunkt t_0 ist nun genau der Zeitpunkt, an dem ein Alarm ausgelöst wird und alle Personen den Weg zum nächstgelegenen Ausgang anstreben.

Weiterhin werden die folgenden Beispiele in diesem Kapitel so gewählt sein, dass alle Pixel am Rand des Spielfeldes entweder eine Wand oder einen Ausgang darstellen, und dies wird sich im Laufe der Simulation nicht ändern. Durch diese Konfiguration müssen wir uns keine Gedanken über die Randbedingungen machen, da keine Person das Spielfeld verlassen kann.

Tab. 6.1 Übersicht der Zustände im Evakuierungsmodell

Zustand	Farbe	Beschreibung
q_1		Freie Fläche
q_2		Ausgang
q_3		Wand
q_4		Person: Fluchtweg im letzten Schritt verkürzt
q_5		Person: Fluchtweg im letzten Schritt nicht verkürzt
q_6		Person: Im letzten Schritt keine Bewegung

6.2.2 Berechnung der Abstandskarte

Nachdem eine Startkonfiguration G_0 gewählt wurde, aber bevor wir den ersten Schritt und damit die Generation G_1 berechnen können, muss eine *Abstandskarte* definiert werden.

Die Abstandskarte gibt für jedes Pixel im Spielfeld, das keine Wand ist, die kleinste Anzahl von Schritten zum nächstgelegenen Ausgang an. Dies bedeutet: Alle Ausgangspixel erhalten eine 0, alle nicht-Wand-Pixel in der Moore-Nachbarschaft 3⬆⬆ vom Ausgangspixel erhalten eine 1 und so weiter, s. Abb. 6.1a und b. Somit gibt die Abstandskarte genau die Länge des kürzesten Fluchtweges eines jeden Pixels an.

Eine genaue Beschreibung, wie die Abstandskarte berechnet werden kann, wird im Anhang B wiedergegeben.

Frage 6.1

?! Warum muss das Spielfeld so gewählt werden, dass es keine Räume ohne Zugang zu einem Ausgang gibt?

6.2.3 Beschreibung der Schritte

Mithilfe der Abstandskarte können nun die Schritte definiert werden. Dabei hat jede Person das Ziel, sich auf einem freien Pixel in seiner Moore-Nachbarschaft 3⬆⬆ zu bewegen, das laut Abstandskarte eine kleinere Anzahl von Schritten zum nächstgelegenen Ausgang benötigt. Damit strebt jede Person für sich alleine eine Verkürzung ihres Fluchtweges an.

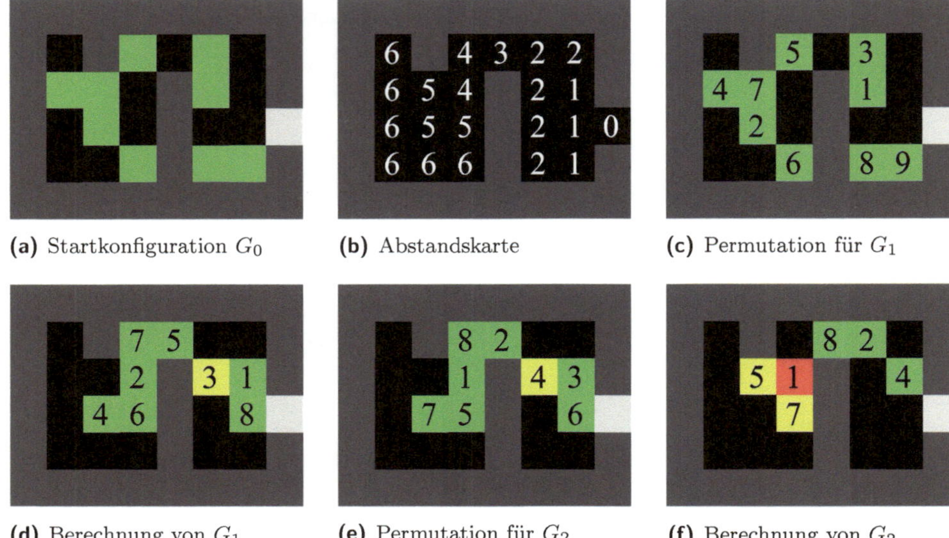

(a) Startkonfiguration G_0 **(b)** Abstandskarte   **(c)** Permutation für G_1

(d) Berechnung von G_1 **(e)** Permutation für G_2 **(f)** Berechnung von G_2

Abb. 6.1 Die Startkonfiguration auf einem Spielfeld mit 6×8 Pixeln ist in (**a**) zu sehen. Insgesamt neun Personen befinden sich auf dem Spielfeld mit einem Ausgang. (**b**) zeigt die Abstandskarte des Spielfeldes: Je näher wir am Ausgang sind, desto kürzer ist der Weg. Die zufällige Permutation zur Berechnung der Generation G_1 ist in (**c**) veranschaulicht. Nach Durchführung der Bewegung erhalten wir die Generation G_1 aus (**d**). Die Zahlen veranschaulichen weiterhin die zuvor gewählte Permutation, wobei die Person mit der 9 bereits den Ausgang erreicht hat und somit nicht mehr auf dem Spielfeld vorhanden ist. Weiterhin konnten mit einer Ausnahme alle weiteren Personen den Abstand zum Ausgang verkürzen. Die Person mit der Nummer 3 konnte ihren Fluchtweg nicht verkürzen, da die Person mit der Nummer 1 zuvor bereits das einzige Pixel in der Moore-Nachbarschaft von 3 mit einem kürzeren Fluchtweg blockiert hat. (**e**) zeigt die folgende Permutation zur Durchführung der nächsten Bewegung, welche in (**f**) berechnet wurde. Es haben zwei weitere Personen das Spielfeld verlassen können, die Person mit der Nummer 1 konnte sich hingegen gar nicht bewegen

Bevor wir die genauen Regeln zur Berechnung eines Schrittes angeben können, müssen wir uns allerdings noch über die Reihenfolge der Personen in jedem Schritt Gedanken machen. Ziel dabei ist es zu erreichen, dass sich keine zwei Personen im gleichen Schritt auf dieselbe freie Fläche bewegen können.

Hierzu gehen wir folgendermaßen vor: Zu Beginn jeden Schrittes wird eine zufällige **Permutation** der verbliebenen Personen im Spielfeld ermittelt. Eine Permutation bedeutet dabei nichts anderes als eine zufällige Reihenfolge der Personen, s. z. B. Abb. 6.1c und e.

Die Permutation berücksichtigt somit alle Pixel, die einen der Zustände q_4 bis q_6 haben, wobei zwischen diesen Zuständen nicht unterschieden wird.

Nachdem eine Permutation ermittelt wurde, werden die folgenden Regeln 4⊙⊙ gemäß der Reihenfolge der Permutation auf die Personen-Pixel x_{ij} mit den Zuständen q_4 bis q_6 *sequenziell*, also nacheinander, angewandt:

1. Wenn in der Moore-Nachbarschaft von x_{ij} ein Ausgang vorhanden ist, dann kann die Person das Spielfeld verlassen und das Pixel x_{ij} wird zur freien Fläche q_1. Alle anderen Pixel bleiben unverändert.

2. Wenn anderenfalls in der Moore-Nachbarschaft von x_{ij} mindestens ein freies Pixel mit einem kürzeren Fluchtweg gemäß Abstandskarte vorhanden ist, dann bewegt sich die Person auf einem zufällig gewählten Nachbarpixel mit kürzerem Fluchtweg.
   Das Pixel x_{ij} wird damit zur freien Fläche q_1 und die zuvor freie Fläche wird zur Person mit dem Zustand q_4.

3. Wenn x_{ij} den Fluchtweg nicht verkürzen kann, dann bewegt sich die Person auf einem zufällig gewählten freien Nachbarpixel mit einem Fluchtweg gleicher Länge, falls überhaupt möglich.
   Das Pixel x_{ij} wird in diesem Falle zur freien Fläche q_1 und die zuvor freie Fläche wird zur Person mit dem Zustand q_5.

4. Wenn sich die Person x_{ij} nicht gemäß der Regeln **2.** oder **3.** bewegen kann, bleibt sie an der gleichen Stelle stehen und erhält den Zustand q_6.

Ein Schritt und damit die Berechnung der folgenden Generation ist beendet, sobald diese Regeln gemäß der Reihenfolge der Permutation auf alle Personen genau einmal angewandt wurden. Abb. 6.1 zeigt die Berechnung zweier Schritte.

> **Frage 6.2**
>
> **?!** Warum konnte sich die Person mit der Nummer 1 in Abb. 6.1e bzw. f von Generation G_1 zu Generation G_2 nicht bewegen, obwohl das Pixel oberhalb von der Person zum Zeitpunkt von Generation G_2 frei ist und laut Abstandskarte keinen längeren Fluchtweg aufweist?

Zusammenfassend wird sich der Fluchtweg einer Person von Schritt zu Schritt verkürzen, es sei denn, weitere Personen blockieren den kürzesten Weg zum nächstgelegenen Ausgang. Nach gewisser Zeit werden damit alle Personen einen Ausgang erreichen und die Simulation kann beendet werden, vorausgesetzt, es ist mindestens ein Ausgangs-Pixel vorhanden und keine Personen befinden sich in geschlossenen Räumen.

6.2.4 Formulierung als Algorithmus

Zwei Schritte im Algorithmus 6.1 zur Beschreibung des Evakuierungsmodells sind besonders zu beachten. Erstens wird in **(3)** einmalig die Abstandskarte berechnet und zweitens wird in **(4)** zum Beginn eines jeden Schrittes eine zufällige Permutation bzw. Reihenfolge über allen verbleibenden Personen im Spielfeld erzeugt.

Algorithnmus 6.1 Zellulärer Automat zum Evakuierungsmodell

(1) Wähle ein zweidimensionales Spielfeld der Größe $m \times n$ und setze $k = 0$.

(2) Erzeuge eine Startkonfiguration zum Zeitpunkt t_0, die mindestens ein Ausgangs-Pixel enthält und keine geschlossenen Räume hat.

(3) Berechne die Abstandskarte zum Spielfeld, s. Anhang B.

(4) Erzeuge eine zufällige Permutation über allen verbleibenden Personen.

(5) Führe die zuvor beschriebenen Regeln zur Bewegung der Personen sequenziell gemäß der ermittelten Permutation durch.

(6) Setze $k = k + 1$ und speichere das Spielfeld zum Zeitpunkt t_k als Generation G_k.

(7) Gehe zu Schritt **(4)** oder beende, falls alle Personen einen Ausgang erreicht haben.

6.3 Beispielsimulation

In einer ersten Beispielsimulation wählen wir ein Spielfeld bestehend aus 175×175 Pixeln sowie eine Konfiguration von Wänden und Ausgängen 6⟳, die an ein *Labyrinth* erinnert, s. Abb. 6.2a. Das Spielfeld ist dabei so aufgebaut, dass Wände und Gänge jeweils eine Breite von genau fünf Pixeln haben.

Zum Startzeitpunkt t_0 befinden sich ca. 2000 Personen im Labyrinth, die nun jeweils ihren kürzesten Fluchtweg anstreben, s. Abb. 6.2.

Die Simulation zeigt, dass das Labyrinth erst nach über 400 Schritten evakuiert ist. Weiterhin sei bemerkt, dass es gar nicht direkt vor den Ausgängen, sondern an einigen Abzweigungen davor zu Stauungen kommt.

In einer zweiten Beispielsimulation modellieren wir ein Großraumkino auf einem Spielfeld mit 114×81 Pixeln. Wie Abb. 6.3a zeigt, sind zum Startzeitpunkt 6⟳ alle insgesamt 640 Sitzplätze des Kinos belegt. Nachdem der Alarm ausgelöst wurde, strömen die Kinobesucher zu den beiden Ausgängen im linken sowie rechten Bildrand. Nach knapp über 200 Simulationsschritten ist das Kino vollständig geräumt.

Die Simulation kann auch dazu genutzt werden, um abzuschätzen, wie lange die Evakuierung dauert. Dazu nehmen wir an, dass ein Pixel genau einer Fläche von $40\,\text{cm} \times 40\,\text{cm}$ entspricht. Dies ergibt die im Gedränge in etwa realistische Zahl von 25 Personen auf 4 Quadratmetern. Das gesamte Spielfeld hat damit eine Größe von $45{,}6\,\text{m} \times 32{,}4\,\text{m}$.

Weiterhin nehmen wir an, dass sich die Personen während einer Evakuierung mit 4 bis 5 km/h bewegen, was umgerechnet 1,1 bis 1,4 m/s entspricht. Dies bedeutet, dass ungefähr drei Generationen einer Sekunde entsprechen, da sich die

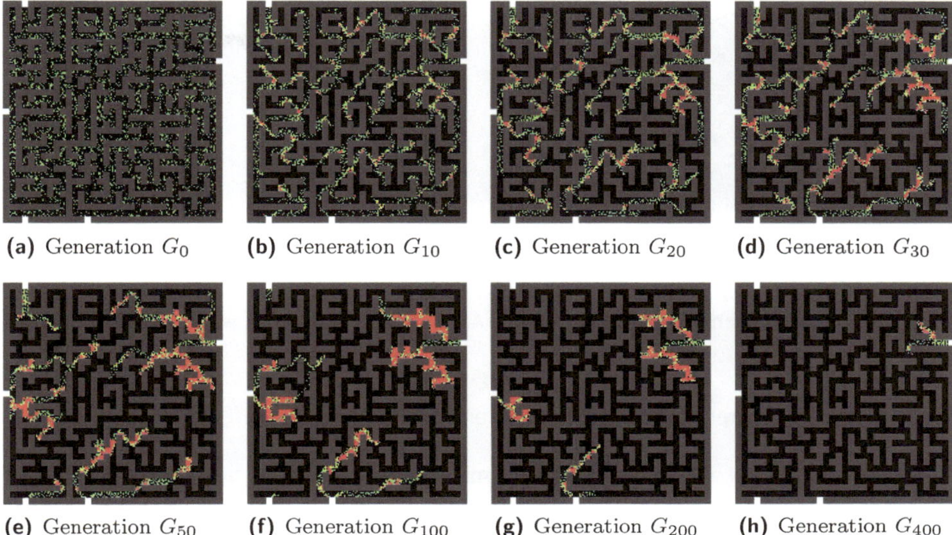

(a) Generation G_0 (b) Generation G_{10} (c) Generation G_{20} (d) Generation G_{30}

(e) Generation G_{50} (f) Generation G_{100} (g) Generation G_{200} (h) Generation G_{400}

Abb. 6.2 Zum Startzeitpunkt der Simulation und damit zum Beginn der Evakuierungen in (**a**) sind viele Personen gleichmäßig im Labyrinth verteilt. Bereits nach zehn Generationen in (**b**) ist deutlich zu erkennen, welche Personen welchen Ausgang anstreben. Bemerkenswert ist, dass es im Laufe der Simulationen gar nicht direkt vor den Ausgängen, sondern vor allem an den Abzweigungen davor zu Stauungen kommt. Dies ist an den *roten* Pixeln und damit an den Personen, die sich gar nicht bewegen konnten, zu erkennen. Selbst nach 400 Generationen in (**h**) ist noch nicht das gesamte Spielfeld evakuiert

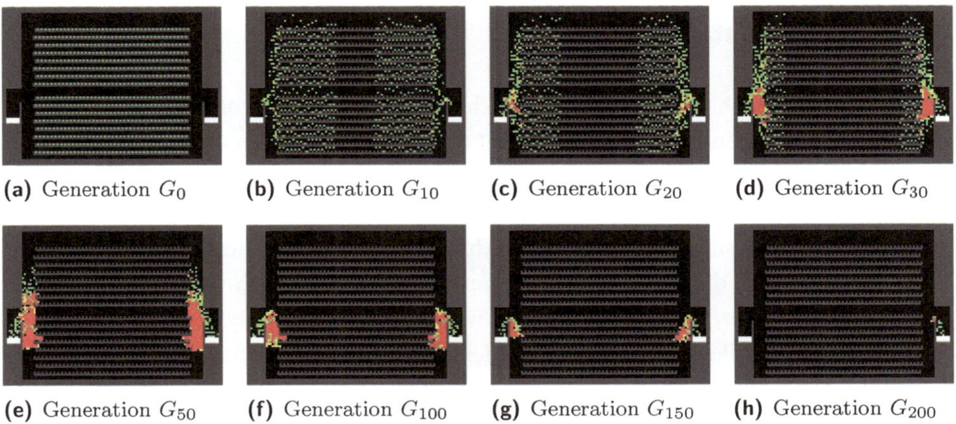

(a) Generation G_0 (b) Generation G_{10} (c) Generation G_{20} (d) Generation G_{30}

(e) Generation G_{50} (f) Generation G_{100} (g) Generation G_{150} (h) Generation G_{200}

Abb. 6.3 Zum Startzeitpunkt in (**a**) ist das Kino mit 640 Personen komplett belegt. Im Laufe der Evakuierungen strömen die Personen zu den beiden Ausgängen rechts und links, sodass sich Stauungen bilden. Selbst nach 200 Simulationsschritten in (**h**) sind noch etwa 10 Personen im Kino, die dieses nun aber zügig verlassen können

1 2 3 4 5 6   …   77 78 79 80
1 2 3 4 5 6   77 78 79 80
1 2 3 4 5 6   77 78 79 80

Abb. 6.4 Veranschaulichung eines Spielfeldes mit Abstandskarte zur Berechnung des Fundamentaldiagramms bei einer Gangbreite von 3 Pixeln und einer Länge von 80 Pixeln. Die periodischen Randbedingungen können dabei nicht über die Abstandskarte modelliert werden

Personen in drei Schritten maximal drei Pixel und damit etwa

$$3 \cdot 40\,\text{cm} = 1{,}20\,\text{m}$$

fortbewegen können.

In der Simulation wurden 215 Generationen berechnet, bis der letzte Besucher den Kinosaal verlassen hat. Dies ergibt somit eine Evakuierungszeit von

$$\frac{213\,\text{Schritte}}{3\,\text{Schritte pro Sekunde}} \approx 71\,\text{Sekunden.}$$

6.4 Fundamentaldiagramm

Ähnlich zum Verkehrsmodell lässt sich auch hier ein *Fundamentaldiagramm* aufstellen, welches den Personenstrom in Abhängigkeit von der Anzahl der Personen veranschaulicht.

Hierzu simulieren wir einen langen schmalen Gang, der 10 Pixel breit und jeweils durch eine Wand zur Seite abgegrenzt ist. Weiterhin verwenden wir keinen Ausgang, sondern definieren die Abstandskarte von links nach rechts mit aufsteigenden Werten, sodass alle Personen stets in die gleiche Richtung laufen möchten, nämlich von rechts nach links, s. Abb. 6.4. Als weitere Besonderheit nutzen wir periodische Randbedingungen 5 ▦, sodass sich die Anzahl der Personen im Spielfeld niemals ändert. Diese Randbedingungen können nicht durch die Abstandskarte modelliert werden und müssen daher gesondert umgesetzt werden.

Als *Personendichte* σ definieren wir das Verhältnis von den sich im Spielfeld befindenden Personen zur gesamten Anzahl von Pixel, auf denen sich Personen bewegen können. Bei einer Gangbreite von 10 Pixeln und einer Länge von 100 Pixeln könnten beispielsweise maximal 1000 Personen auf dem Spielfeld sein. Bei einer Simulation mit der Personendichte $\sigma = 0{,}4$ werden demnach als Startkonfiguration 6 ⟳ genau 400 Personen zufällig auf dem Spielfeld verteilt.

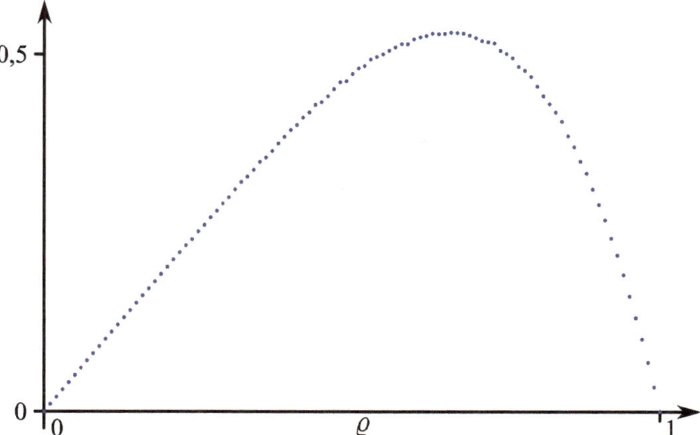

Abb. 6.5 Darstellung des Personenflusses in Abhängigkeit von der Personendichte σ als Fundamentaldiagramm. Der maximale Personenfluss wird bei einer Personendichte von etwa 0,6 angenommen

Für unterschiedliche Werte von σ führen wir 1000 Schritte durch und zählen dabei die Anzahl der Personen, die den linken Spielfeldrand verlassen und aufgrund der periodischen Randbedingungen am rechten Spielfeldrand wieder auftauchen. Der **Personenfluss** ist nun das Verhältnis von den gezählten Personen zur maximal möglichen Anzahl von Personen, die den linken Spielfeldrand theoretisch verlassen könnten. Bei 1000 Schritten und einer Gangbreite von 10 Pixeln teilen wir die Anzahl der gezählten Personen daher durch 10 000.

Abb. 6.5 zeigt das in dieser Art und Weise ermittelte Fundamentaldiagramm als Auftragung des Personenflusses in Abhängigkeit von der Personendichte σ. Erwartungsgemäß nimmt der Personenfluss zunächst linear mit der Anzahl der Personen bzw. der Personendichte zu. Nimmt nun die Personendichte weiter zu, dann kommt es dazu, dass sich die Personen gegenseitig behindern und somit den Weg versperren. Ab einer Personendichte von etwa $\sigma = 0{,}6$ nimmt daher der Personenfluss stark ab, bis sich bei einem vollständig mit Personen gefüllten Gang niemand mehr bewegen kann.

Frage 6.3

Warum nimmt der Personenfluss für vergleichsweise kleine Personendichten linear mit der Anzahl der Personen zu? Ist dies nur dann der Fall, wenn die Personen gleichmäßig auf dem Spielfeld verteilt werden oder auch dann, wenn alle Personen zum Startzeitpunkt als Gruppe beisammenstehen?

Gitter-Gas-Modell

7

Zusammenfassung

Das Gitter-Gas-Modell ist ein einfaches Konzept zur Simulation von Strömungen in Flüssigkeiten und Gasen. Nach einer kurzen Einleitung in Abschn. 7.1 ist eine ausführliche Beschreibung des Modells in Abschn. 7.2 zu finden. Dabei gehen wir auf mögliche Darstellungsmöglichkeiten ein und skizzieren einen Algorithmus zum Modell. Zwei Beispiele folgen in Abschn. 7.3, bevor wir in Abschn. 7.4 auf eine weitere Präsentationsmöglichkeit eingehen, nämlich auf die Flussdarstellung. Dass sich mit dem Gitter-Gas-Modell sogar physikalische Gesetze der Strömungsmechanik bestätigen lassen, zeigen wir in Abschn. 7.5, bevor wir in Abschn. 7.6 auf weitere anschauliche Beispiele eingehen. Eine abschließende Diskussion ist in Abschn. 7.7 zu finden.

7.1 Einleitung

In diesem Kapitel befassen wir uns mit einem Modell zur Simulation von Strömungen in Flüssigkeiten und Gasen, dem *Lattice Gas*- oder *Gitter-Gas-Modell*. Dabei handelt es sich um ein zweidimensionales Modell mit hexagonaler Nachbarschaft, welche ein Gitter aufspannt. Auf dessen Gitterpunkten können sich jeweils bis zu sechs Teilchen befinden, die sich von Schritt zu Schritt bewegen können. Neben der deterministischen Bewegung kommt es an einigen Gitterpunkten zu einer zufälligen Streuung, welche genau das Kernstück der Simulation sein wird.

Ursprünglich wurde das Gitter-Gas-Modell in Hardy et al. (1973) mit einer Von-Neumann-Nachbarschaft vorgestellt. Zum Durchbruch dieser Arbeit fehlte jedoch der theoretische Nachweis, dass sich damit anhand geeigneter Simulationen physikalische Gesetze bestätigen lassen. Dies wurde schließlich einige Jahre später in Frisch et al. (1986) nachgeholt. In dieser Arbeit wurde erstmals mathematisch bewiesen, dass das Gitter-Gas-Modell im Grenzfall die *Navier-Stokes-Gleichung* und damit die wichtigste Gleichung der Strömungsmechanik erfüllt. Es folgte ein große Zahl von wissenschaftlichen Arbeiten, in de-

D. Scholz, *Pixelspiele*, DOI 10.1007/978-3-642-45131-7_7,
© Springer-Verlag Berlin Heidelberg 2014

nen auch komplexe hydrodynamische Modelle vorgestellt wurden, s. etwa Wolf-Gladrow (2000) oder Rothman und Zaleski (1997).

Auf den folgenden Seiten beschreiben wir das Gitter-Gas-Modell auf eine möglichst einfache Art und Weise und zeigen zwei unterschiedliche Möglichkeiten zur Darstellung der Ergebnisse, die Felddarstellung und die Flussdarstellung. Das vorgestellte Modell wird auch in der Lage sein, physikalische Gesetze der Strömungsmechanik zu verifizieren, wie wir an einem einfachen Beispiel zeigen werden.

7.2 Beschreibung des Modells

Wie eingangs bereits beschrieben, betrachten wir beim Gitter-Gas-Modell eine hexagonale Nachbarschaft 3. Dies bedeutet, dass nur jedes vierte Pixel von Interesse ist, welche wir im Folgenden als *Gitterpunkte* bezeichnen, s. auch Abschn. 1.3.1.

> **Frage 7.1**
> **?!** Wie viele Gitterpunkte befinden sich beim Gitter-Gas-Modell auf einem Spielfeld mit 600×400 Pixeln?

7.2.1 Beschreibung der Zustände

Für jeden Gitterpunkt gibt es die folgenden Zustände 2:

1. Es handelt sich um eine Wand, sodass sich dort kein Teilchen aufhalten kann.
2. Der Gitterpunkt ist mit null bis sechs Teilchen belegt. Dabei besitzt jedes dieser Teilchen eine feste Richtung zu einem der sechs Nachbar-Gitterpunkte, wobei keine zwei Teilchen dieselbe Richtung haben.

Die sich daraus ergebene Menge von Zuständen

$$Q = \{q_0, q_1, \ldots, q_{63}, q_{64}\}$$

ist Tab. 7.1 zu entnehmen. Ein Gitterpunkt im Zustand q_{15} bedeutet beispielsweise, dass der Gitterpunkt mit zwei Teilchen belegt ist, eines davon mit Bewegung bzw. Richtung zum linken Nachbar-Gitterpunkt und das zweite mit Richtung zum rechten Nachbar-Gitterpunkt.

> **Frage 7.2**
> **?!** Wie viele Teilchen können maximal auf einem Spielfeld mit 600×400 Pixeln vorhanden sein, wenn genau jeder vierte Gitterpunkt eine Wand ist?

Tab. 7.1 Übersicht der Zustände im Gitter-Gas-Modell. Die Pfeile veranschaulichen dabei jeweils die Anzahl der Teilchen sowie deren Richtungen

Zustand	Farbe	Symbol	Zustand	Farbe	Symbol	Zustand	Farbe	Symbol
q_0			q_{22}			q_{44}		
q_1			q_{23}			q_{45}		
q_2			q_{24}			q_{46}		
q_3			q_{25}			q_{47}		
q_4			q_{26}			q_{48}		
q_5			q_{27}			q_{49}		
q_6			q_{28}			q_{50}		
q_7			q_{29}			q_{51}		
q_8			q_{30}			q_{52}		
q_9			q_{31}			q_{53}		
q_{10}			q_{32}			q_{54}		
q_{11}			q_{33}			q_{55}		
q_{12}			q_{34}			q_{56}		
q_{13}			q_{35}			q_{57}		
q_{14}			q_{36}			q_{58}		
q_{15}			q_{37}			q_{59}		
q_{16}			q_{38}			q_{60}		
q_{17}			q_{39}			q_{61}		
q_{18}			q_{40}			q_{62}		
q_{19}			q_{41}			q_{63}		
q_{20}			q_{42}			q_{64}		
q_{21}			q_{43}					

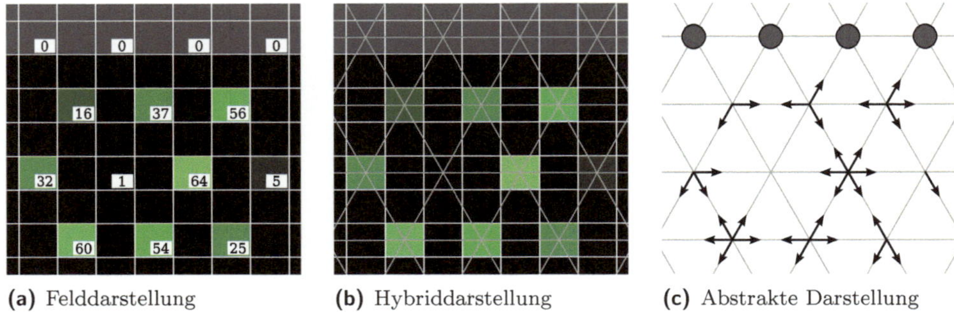

(a) Felddarstellung   (b) Hybriddarstellung   (c) Abstrakte Darstellung

Abb. 7.1 In der Felddarstellung (**a**) sind alle Pixel des Feldes dargestellt, von denen nur jedes vierte Pixel, die Gitterpunkte, von Interesse ist. Die Zahlen entsprechen dabei dem zugehörigen Zustand des Gitterpunktes, s. Tab. 7.1. In der Hybriddarstellung (**b**) wurde die Felddarstellung bereits mit einem hexagonalen Gitter überdeckt. In der abstrakten Darstellung (**c**) werden schließlich die Gitterpunkte durch Schnittpunkte des hexagonalen Gitters veranschaulicht sowie die zugehörigen null bis sechs Teilchen dargestellt. Dabei bedeutet ein *Pfeil*, dass sich ein Teilchen in Richtung des entsprechenden Nachbarn auf dem Gitter befindet

Weiterhin werden in Abb. 7.1 unterschiedliche Möglichkeiten der Darstellung vorgestellt. Zur Beschreibung des Algorithmus wählen wir im Folgenden die ***abstrakte Darstellung***, bevor wir bei der Präsentation der Beispielsimulationen wieder auf die ***Felddarstellung*** zurückgreifen werden.

7.2.2 Beschreibung der Schritte

Die Beschreibung eines Schrittes 4○○, also der Übergang von einem Zeitpunkt t_k zum folgenden Zeitpunkt t_{k+1}, erfolgt in zwei Teilschritten.

7.2.2.1 Bewegung

Die maximal sechs Teilchen je Gitterpunkt bewegen sich in ihre jeweilige Richtung und befinden sich dann zunächst mit gleicher Richtung wie zuvor auf dem entsprechenden Nachbar-Gitterpunkt. Handelt es sich bei dem Nachbar-Gitterpunkt um eine Wand, so kann sich das Teilchen dort nicht aufhalten und wird reflektiert. Es befindet sich damit nach der Bewegung im selben Gitterpunkt wie zuvor, allerdings mit umgekehrter, um 180° gedrehter Richtung.

In Abb. 7.2a ist eine Ausgangskonfiguration zum Zeitpunkt t_k gegeben. Die Konfiguration nach der Bewegung kann Abb. 7.2b entnommen werden.

7.2.2.2 Streuung

Nach der Bewegung der Teilchen kommt es bei denjenigen Gitterpunkten zu einer ***Streuung***, bei denen sich die Summe der Richtungsvektoren der zum jeweiligen Gitterpunkt

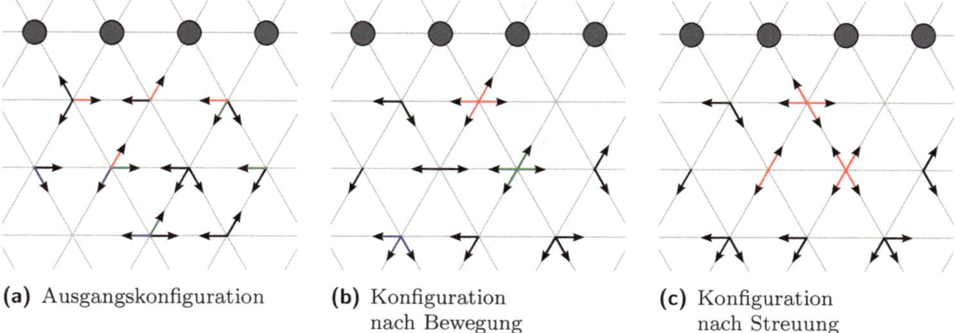

(a) Ausgangskonfiguration   (b) Konfiguration nach Bewegung   (c) Konfiguration nach Streuung

Abb. 7.2 Die Ausgangskonfiguration G_k und damit die Zustände zum Zeitpunkt t_k sind in (a) dargestellt. Die hier *farbig* eingezeichneten *Pfeile* gehören in der Konfiguration nach der Bewegung zum selben Gitterpunkt, s. (b). Anschließend findet an drei Gitterpunkten eine Streuung statt, welche in (c) mit *roten Pfeilen* markiert sind. Da hierbei der Zufall eine wesentliche Rolle spielt, s. Tab. 7.2, ist in (c) nur eine der möglichen Konfigurationen nach der Streuung und damit zum Zeitpunkt t_{k+1} veranschaulicht

Tab. 7.2 Übersicht der Zustände im Gitter-Gas-Modell, bei denen eine Streuung stattfindet. Falls zwei mögliche Zustände des Gitterpunktblockes nach der Streuung vorliegen, sind beide Zustände gleich wahrscheinlich

gehörigen Teilchen zu null aufsummiert. Tabelle 7.2 zeigt eine Liste aller möglichen Zustände, bei denen es zu einer Streuung kommt.

Genau hier spielt nun der Zufall eine wesentliche Rolle. Wenn es bei Gitterpunkten mit zwei oder vier Teilchen zu einer Streuung kommt, dann gibt es zwei mögliche Zustände nach der Streuung. Dabei sind diese beiden Zustände gleich wahrscheinlich.

Beispiele der Streuung sind in Abb. 7.2c veranschaulicht, wobei zu beachten ist, dass aufgrund des Zufalls nur eine der möglichen Konfigurationen nach der Streuung dargestellt ist.

Frage 7.3

?! Angenommen, eine Simulation beginnt mit einem Spielfeld, in dem jeder Gitterpunkt, der keine Wand ist, genau ein Teilchen mit jeweils zufälliger Richtung besitzt. Kann es dann jemals zu einer Streuung kommen?

7.2.3　Formulierung als Algorithmus

Zusammenfassend haben wir zur Berechnung der folgenden Beispiele im Wesentlichen den grundlegenden Algorithmus 7.1 verwendet.

Algorithnmus 7.1 Zellulärer Automat zum Gitter-Gas-Modell

(1) Wähle ein Spielfeld mit hexagonale Nachbarschaft und setze $k = 0$.
(2) Erzeuge eine Startkonfiguration zum Zeitpunkt t_0 mit fest definierten Wänden und zufälligen Teilchen.
(3) Führe eine Bewegung der Teilchen durch.
(4) Führe eine zufällige Streuung an den hierzu möglichen Gitterpunkten durch, s. Tab. 7.2.
(5) Setze $k = k + 1$ und speichere die Felddarstellung als Generation G_k zum Zeitpunkt t_k.
(6) Gehe zu Schritt (3) oder beende, falls k eine zuvor definierte Grenze überschritten hat.

Natürlich müssen wir uns dabei zum einen über die Startkonfiguration und zum anderen über Randbedingungen Gedanken machen. Hierauf werden wir in den folgenden Beispielen jeweils gesondert eingehen.

7.3　Beispielsimulation

Als erstes Beispiel betrachten wir ein Spielfeld mit 600×400 Pixeln. Wie in Abschn. 7.2 eingangs bereits beschrieben, ist nur jedes vierte der 600×400 Pixel ein Gitterpunkt, alle anderen Pixel werden in Schwarz bzw. Dunkelgrau dargestellt, s. auch Abb. 7.1a.

Um das Spielfeld eindeutig festzulegen, müssen wir Wände definieren. Im ersten Beispiel werden genau diejenigen Gitterpunkte als Wand definiert, die am Rand des Spielfeldes liegen. Damit sind auch die Randbedingungen genau definiert, denn kein Teilchen wird später das Spielfeld verlassen können und keine Teilchen werden während der Simulation hinzukommen.

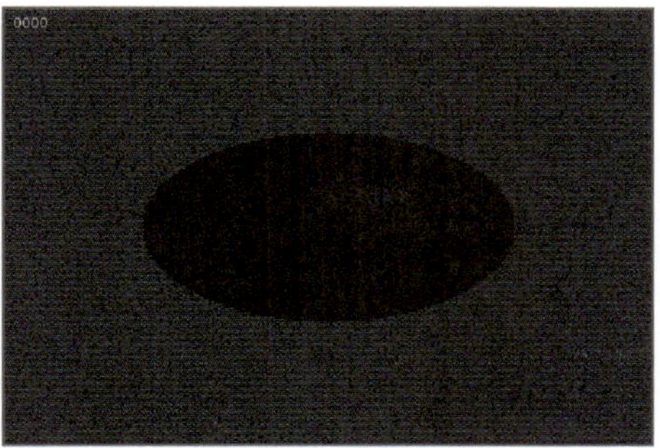

(a) Startkonfiguration zum Zeitpunkt t_0

(b) Spielfeld nach 20 Schritten

(c) Spielfeld nach 320 Schritten

(d) Spielfeld nach 1200 Schritten

Abb. 7.3 Die zufällig erzeugte Startkonfiguration des 600×400 Pixel großen Spielfeldes ist in (**a**) dargestellt. Das Spielfeld zum Zeitpunkt t_{20}, also nach 20 Schritten, kann (**b**) entnommen werden. Analog sind in (**c**) und (**d**) die Spielfelder zu den Zeitpunkten t_{320} sowie t_{1200} wiedergegeben. Nach 1200 Schritten haben sich die Teilchen gleichmäßig auf dem Spielfeld verteilt

Die Startkonfiguration ⑥⏻ zum Zeitpunkt t_0 wählen wir folgendermaßen: In einem ovalen Bereich in der Mitte des Spielfeldes sollen sich keine Teilchen befinden. Alle anderen Gitterpunkte werden mit null bis sechs Teilchen zufällig besetzt. Dabei werden alle möglichen Teilchen unabhängig voneinander mit einer Wahrscheinlichkeit von $\frac{1}{2}$ gewählt. Somit erwarten wir im Durchschnitt drei Teilchen pro Gitterpunkt, wobei natürlich keine zwei Teilchen pro Gitterpunkt dieselbe Richtung haben können.

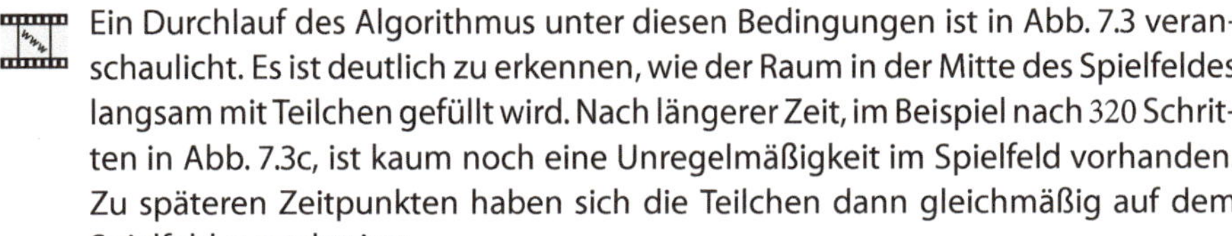

Ein Durchlauf des Algorithmus unter diesen Bedingungen ist in Abb. 7.3 veranschaulicht. Es ist deutlich zu erkennen, wie der Raum in der Mitte des Spielfeldes langsam mit Teilchen gefüllt wird. Nach längerer Zeit, im Beispiel nach 320 Schritten in Abb. 7.3c, ist kaum noch eine Unregelmäßigkeit im Spielfeld vorhanden. Zu späteren Zeitpunkten haben sich die Teilchen dann gleichmäßig auf dem Spielfeld ausgebreitet.

Wir wollen das Beispiel nun dahingehend verändern, dass wir ein Spielfeld mit einem Topf in der Mitte wählen, welcher oben eine kleine Öffnung besitzt und

(a) Startkonfiguration zum Zeitpunkt t_0

(b) Spielfeld nach 150 Schritten

(c) Spielfeld nach 700 Schritten

(d) Spielfeld nach 1850 Schritten

Abb. 7.4 Die zufällig erzeugte Startkonfiguration des 600×400 Pixel großen Spielfeldes ist in (**a**) dargestellt. Nach 150 Schritten, s. (**b**), ist ein deutlicher Teilchenfluss ins Innere des Topfes zu erkennen. Zum späteren Zeitpunkt in (**c**) ist ein Teilchenfluss kaum mehr zu sehen, allerdings ist die Teilchendichte innerhalb des Topfes geringer als außerhalb. Nach 1850 Schritten in (**d**) hat sich die Teilchendichte angeglichen

in dem sich zunächst ein **_Vakuum_** befindet. Dies modellieren wir durch das Hinzufügen von Wänden und einer Startkonfiguration 6 ⏻, bei der sich zunächst keine Teilchen im Inneren des Topfes befinden. Außerhalb sind wie zuvor alle Teilchen mit einer Wahrscheinlichkeit von $\frac{1}{2}$ vorhanden bzw. nicht vorhanden. Das Ergebnis des Algorithmus kann Abb. 7.4 entnommen werden.

Es ist zu erkennen, dass sich der Topf allmählich mit Teilchen füllt, bis sich schließlich ein Gleichgewicht einstellt und die Teilchendichte innerhalb und außerhalb des Topfes gleich groß ist.

Frage 7.4

?! Wie könnte das Entweichen von Luft aus einem Autoreifen modelliert werden (unter der Annahme, dass sich der Autoreifen dabei nicht verformt)?

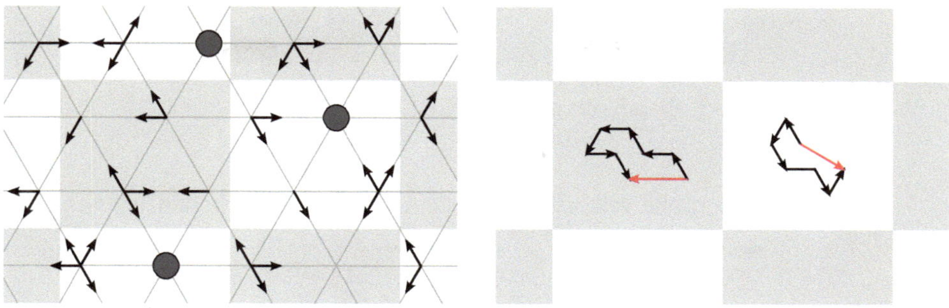

(a) Spielfeld mit 2×2 Gitterpunktblöcken   **(b)** Vektorsumme der Richtungsvektoren

Abb. 7.5 In (**a**) wurde die abstrakte Darstellung eines Spielfeldes mit 2×2 Gitterpunktblöcken versehen: Jeweils vier Gitterpunkte gehören dem gleichen Gitterpunktblock an. Die *roten Pfeile* in (**b**) bilden die Vektorsumme aus allen Richtungsvektoren der Teilchen eines Gitterpunktblockes. Der Betrag, also die Länge der *roten Pfeile* ist somit ein Maß für die resultierende Geschwindigkeit der Teilchen pro Gitterpunktblock

7.4 Die Flussdarstellung

Bislang haben wir die Felddarstellung zur Veranschaulichung des Spielfeldes verwendet. Dabei wurde pro Gitterpunkt die Anzahl der Teilchen gezählt und durch eine entsprechende Farbe gekennzeichnet. Die Richtungen der Teilchen haben wir hier völlig außer Acht gelassen.

Im Gegensatz zur Felddarstellung bietet sich beim Gitter-Gas-Modell meist die *Flussdarstellung*, welche die Richtungen der pro Gitterpunkt vorhandenen Teilchen berücksichtigt, sehr viel mehr an. Da es nicht sehr zielführend ist, die Richtungen pro Gitterpunkt einzeln zu untersuchen, fassen wir mehrere Gitterpunkte zu $m \times m$ *Gitterpunktblöcken* zusammen.

In Abb. 7.5a ist die abstrakte Darstellung eines Spielfeldes zu sehen. Die Gitterpunkte sind hier zu 2×2 Gitterpunktblöcken zusammengefasst, d. h. jeweils vier Gitterpunkte bilden einen Gitterpunktblock.

Die sechs möglichen Richtungsvektoren der Teilchen pro Gitterpunkt sind

$$(1,0)\,, \quad \left(\tfrac{1}{2}, -\tfrac{\sqrt{3}}{2}\right), \quad \left(-\tfrac{1}{2}, -\tfrac{\sqrt{3}}{2}\right), \quad (-1,0)\,, \quad \left(-\tfrac{1}{2}, \tfrac{\sqrt{3}}{2}\right) \quad \text{und} \quad \left(\tfrac{1}{2}, \tfrac{\sqrt{3}}{2}\right).$$

Für die Flussdarstellung wird nun die Vektorsumme der Richtungsvektoren aller Teilchen pro Gitterpunkt gebildet. In Abb. 7.5b entspricht diese Vektorsumme jeweils den roten Pfeilen. Veranschaulicht wird in der Flussdarstellung schließlich immer der Betrag, also die Länge dieser Vektorsummen. Je größer der Betrag der Vektorsumme ist, desto höher ist der Teilchenfluss pro Gitterpunktblock in eine bestimmte Richtung. Eine Vektorsumme von null bedeutet also, dass es im Mittel bzw. auf den Gitterpunktblock bezogen gar keinen Teilchenfluss gibt. Eine

Abb. 7.6 Farbskala zur Kodierung des Teilchenflusses

vergleichsweise große Vektorsumme bedeutet analog einen hohen Teilchenfluss.

In Abb. 7.6 ist die Farbskala zur Kodierung des Teilchenflusses dargestellt, welche wir in den folgenden Beispielen verwenden werden.

Es sei nochmals bemerkt, dass der Teilchenfluss unabhängig von der Anzahl der Teilchen pro Gitterpunktblock ist. Bei voll besetzten Gitterpunktblöcken, bei denen alle zugehörigen Gitterpunkte sechs Teilchen haben, erhalten wir z. B. gar keinen Teilchenfluss, da sich die Richtungsvektoren zu null aufsummieren.

Frage 7.5

?! Mit wie vielen und mit welchen Teilchen müssen die Gitterpunkte eines 2×2 Gitterpunktblockes belegt sein, damit ein möglichst hoher Teilchenfluss erreicht wird? Was ist in diesem Falle die Länge bzw. der Betrag der zugehörigen Vektorsumme?

Zur Veranschaulichung der Flussdarstellung betrachten wir das Topf-Beispiel aus Abschn. 7.3 unter Verwendung von 10×10 Gitterpunktblöcken, s. Abb. 7.7. Wie erwartet, ist aufgrund der zufällig gewählten Startkonfiguration zum Zeitpunkt t_0 so gut wie kein Teilchenfluss zu erkennen. Es entwickelt sich dann aber ein hoher Teilchenfluss an der Öffnung des Topfes, da sich viele Teilchen ins Innere bewegen. Dieser Teilchenfluss nimmt im Verlauf der Simulation wieder ab, da sich die Teilchendichten innerhalb und außerhalb des Topfes angleichen.

7.5 Beispiel zum physikalischen Verhalten

Wie in der Einleitung bereits geschrieben, lassen sich mit dem Gitter-Gas-Modell physikalische Gesetze verifizieren, im Grenzfall sogar die Navier-Stokes-Gleichung. Dies wollen wir hier an einem kleinen Beispiel verdeutlichen.

Hierzu simulieren wir die Strömung in einem Rohr und wählen ein Spielfeld mit 800×150 Pixeln sowie Wänden, wie in Abb. 7.8 veranschaulicht. Da das Spielfeld nur nach oben und unten durch Wände begrenzt ist, müssen wir uns um die Randbedingungen 5  links und rechts des Spielfeldes Gedanken machen. Dabei gehen wir so vor, dass alle Teilchen, die

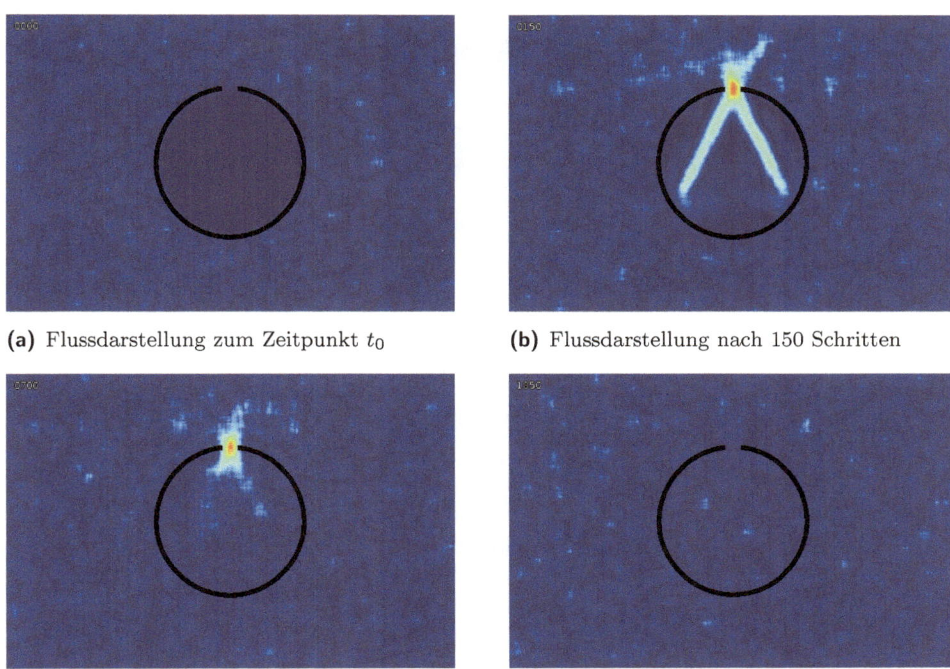

(a) Flussdarstellung zum Zeitpunkt t_0

(b) Flussdarstellung nach 150 Schritten

(c) Flussdarstellung nach 700 Schritten

(d) Flussdarstellung nach 1850 Schritten

Abb. 7.7 Die Flussdarstellung zum Startzeitpunkt t_0 ist in (**a**) dargestellt. Wie auch in Abb. 7.4 zu sehen war, ist nach 150 Schritten ein deutlicher Teilchenfluss ins Innere des Topfes zu erkennen, s. (**b**). Auch zum späteren Zeitpunkt in (**c**) ist ein Teilchenfluss vorhanden, der jedoch geringer ausfällt als zuvor. Erst nachdem die Teilchendichte wie in (**d**) innerhalb und außerhalb des Topfes gleich groß ist, ist kein signifikanter Teilchenfluss mehr zu erkennen

Abb. 7.8 Spielfeld zur Simulation der Strömung in einem Rohr. Mit *Hellgrau* ist der Bereich gekennzeichnet, in dem die Geschwindigkeit der Teilchen gemessen wird

links oder rechts das Spielfeld aufgrund ihrer Bewegung verlassen, in unserer Simulation nicht weiter beachtet werden.

Als Startkonfiguration ⑥↻ zum Zeitpunkt t_0 wählen wir ein leeres Spielfeld ohne Teilchen. Um dennoch eine Strömung zu simulieren, gehen wir wie folgt vor: Nach jedem Schritt werden alle Gitterpunkte am linken Rand des Spielfeldes unabhängig von ihrer momentanen Teilchenanzahl voll besetzt. Das heißt, dass alle Gitterpunkte am linken Spiel-

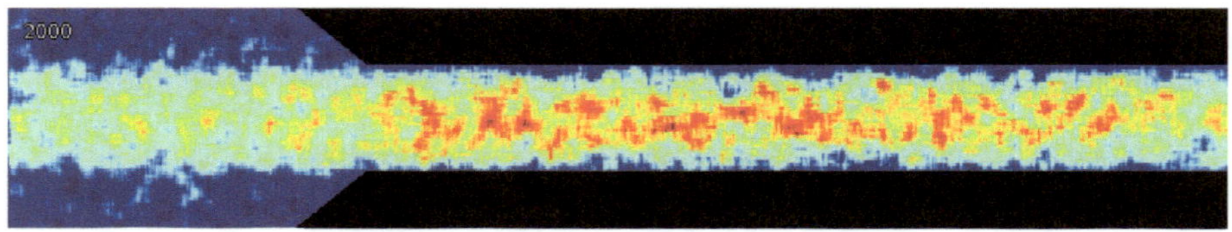

Abb. 7.9 Flussdarstellung nach 2000 Schritten bei einer Simulation zur Bestimmung des Geschwindigkeitsprofils einer Strömung in einem Rohr

feldrand stets mit sechs Teilchen besetzt sind. Damit möchten wir einen Teilchenfluss von links nach rechts erzwingen.

In Abb. 7.9 ist die Flussdarstellung der Simulation nach 2000 Schritten veranschaulicht.

Bestimmen wollen wir nun das Geschwindigkeitsprofil der Strömung innerhalb des Rohres. Ein physikalisches Gesetz für laminare Strömungen durch Rohre besagt, dass ein Parabelprofil mit Scheitelpunkt in der Mitte und einer Geschwindigkeit von null an den Wänden zu erwarten ist. Genauer gilt

$$v(x) = C \cdot (d^2 - x^2)$$

mit einem Parameter C und einem Rohrdurchmesser von $2d$, s. Demtröder (2006). Um die Geschwindigkeit in unserer Simulation messen zu können, haben wir für jede Gitterpunkt-Zeile x in dem in Abb. 7.8 hellgrau markierten Bereich die Vektorsumme aller Richtungsvektoren der vorhandenen Teilchen gebildet. Den Betrag dieser Vektorsumme haben wir schließlich als Maß für die Geschwindigkeit $v(x)$ angenommen. Diese Berechnungen haben wir zu den Zeitpunkten

$$t_{2000}, \quad t_{2050}, \quad t_{2100}, \quad t_{2150}, \quad t_{2200}, \quad t_{2250}, \quad t_{2300}, \quad t_{2350} \ \text{und} \ t_{2400}$$

durchgeführt und pro Zeile jeweils den Mittelwert gebildet. Mit diesem Vorgehen haben wir die in Abb. 7.10 veranschaulichten Ergebnisse erhalten.

Es ist sehr gut zu erkennen, dass wir auch mit dem recht einfachen Gitter-Gas-Modell ein parabelförmiges Geschwindigkeitsprofils erhalten. Damit haben wir das physikalische Gesetz zur laminaren Strömung im Rohr verifizieren können.

Abschließend wollen wir kurz auf den Einfluss der Streuung im Modell eingehen. Dazu haben wir exakt dieselbe Simulation nochmals durchgeführt, nun allerdings ohne Streuung. In Abb. 7.11 wurde wieder die Flussdarstellung nach 2000 Schritten dargestellt. Im Inneren des Rohres ist überall eine konstante Geschwindigkeit vorzufinden, s. auch Abb. 7.10, was nicht mit den physikalischen Gesetzen übereinstimmt. Damit ist nochmals bestätigt, dass das Gitter-Gas-Modell im Wesentlichen auf der Streuung und somit auf zufälligen Prozessen beruht.

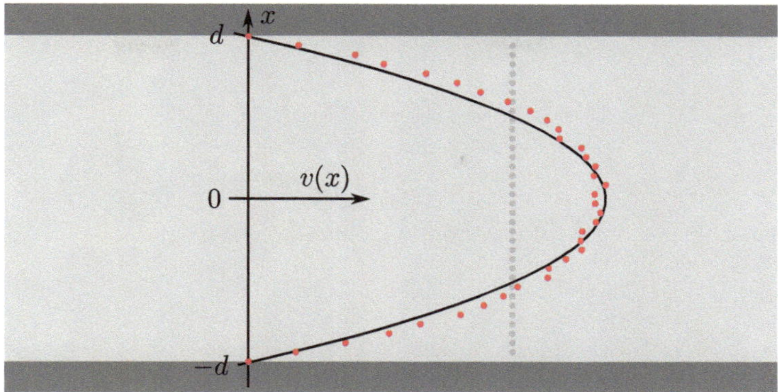

Abb. 7.10 Numerische Ergebnisse zur Bestimmung des Geschwindigkeitsprofils bei der Simulation einer Strömung im Rohr. Die *roten Punkte* sind die Mittelwerte der berechneten Geschwindigkeiten pro Zeile. Die Kurve zeigt das theoretisch erwartete Parabelprofil. Zum Vergleich dazu zeigen die *grauen Punkte* die berechneten Geschwindigkeiten pro Zeile bei gleicher Simulation, allerdings ohne Streuung

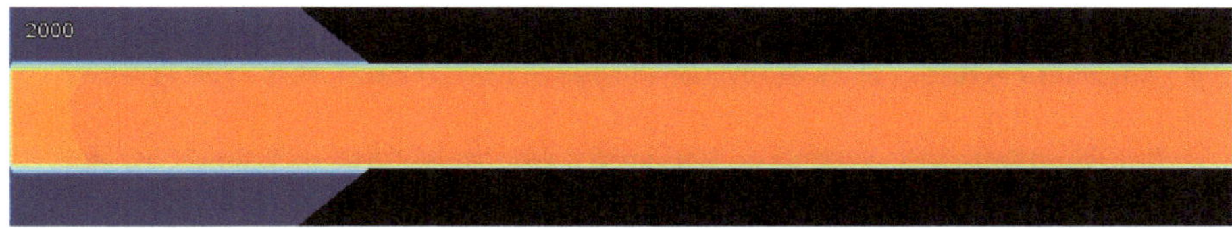

Abb. 7.11 Flussdarstellung nach 2000 Schritten bei einer Simulation ohne Streuung

7.6 Particle Image Velocimetry

Geschwindigkeitsfelder in der Strömungsmechanik können bestimmt werden, indem man der Flüssigkeit oder dem Gas kleine Partikel zusetzt, deren Bewegungen in kurzen zeitlichen Abständen fotografiert und ausgewertet werden. Dieses Verfahren wird *Particle Image Velocimetry* genannt, s. Raffel et al. (2007) oder Adrian und Westerweel (2011). Auch beim Gitter-Gas-Modell lassen sich mithilfe der Flussdarstellung genau solche Geschwindigkeitsfelder simulieren.

In Abb. 7.12 wurde das Geschwindigkeitsfeld einer Flüssigkeit durch ein gegebenes Feld bestimmt. Dazu haben wir ein Spielfeld 1⎕ mit 2400 × 1920 Pixeln gewählt, welches zum Startzeitpunkt 6⟳ t_0 keine Teilchen enthält, s. Abb. 7.12a. Analog zum vorherigen Abschnitt werden alle Teilchen, die das Spielfeld aufgrund ihrer Bewegung verlassen, in der Simulation nicht weiter beachtet. Ferner wird eine Strömung dadurch simuliert, dass alle Gitterpunkte am linken Spielfeldrand 5▦ neben der sich ergebenen Konfiguration stets mit dem Teilchen in Richtung rechts besetzt werden.

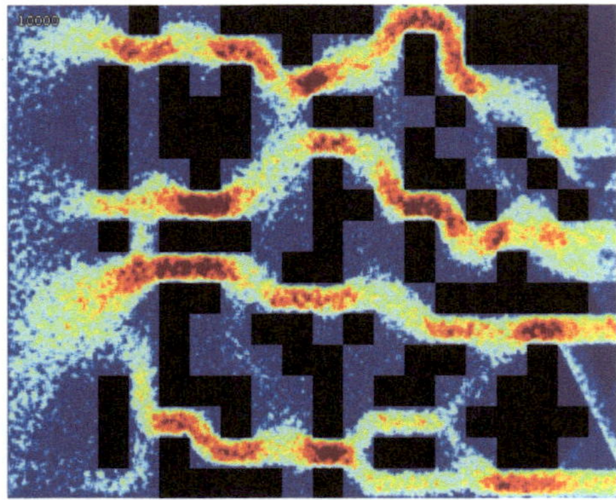

(a) Flussdarstellung zum Zeitpunkt t_0

(b) Flussdarstellung nach 10 000 Schritten

Abb. 7.12 Die Flussdarstellung zum Startzeitpunkt t_0 ist in (a) veranschaulicht. Da zu diesem Zeitpunkt noch gar keine Teilchen im Spielfeld vorhanden sind, ist auch kein Teilchenfluss vorzufinden. Nach 10 000 Schritten zeigt die Simulation sehr deutlich, auf welchen Wegen sich Teilchen durch das Feld bewegen und an welchen Stellen die Strömung am größten ist, s. (b)

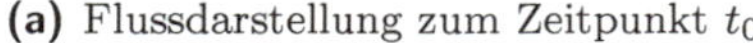 Ein Ergebnis dieser Simulation nach 10 000 Schritten kann Abb. 7.12b entnommen werden. An den dunkelroten Stellen ist deutlich zu erkennen, dass ein hoher Teilchenfluss und damit im Vergleich größere Geschwindigkeiten vorzufinden sind.

Da sich neben Flüssigkeit auch Gas mit dem Gitter-Gas-Modell simulieren lässt, haben wir abschließend in Abb. 7.13 einen schematisch sehr stark vereinfachten Filter skizziert. Bei einer gleichen Simulation wie zuvor auf dem nun 3200×1160 Pixel großen Spielfeld erhalten wir nach 16 000 Schritten die Flussdarstellung bzw. das Geschwindigkeitsfeld, wie es in Abb. 7.13b dargestellt ist.

7.7 Weiterführende Bemerkungen

Wie schon in den vorherigen Kapiteln haben wir auch beim Gitter-Gas-Modell nur eine mögliche Beschreibung vorgestellt, und wir wollen daher an dieser Stelle auf einige Erweiterungen hinweisen. Als weiterführende Literatur zum Gitter-Gas-Modell sei auf Wolf-Gladrow (2000) sowie Rivet und Boon (2001) verwiesen.

Anders als in den Simulationen in den Abschn. 7.5 und 7.6 werden häufig periodische Randbedingungen gewählt. Dies hat den Vorteil, dass die Anzahl der Teilchen stets konstant bleibt und nicht variiert, wie es in unseren Simulationen der Fall war.

Weiterhin sei bemerkt, dass das hier vorgestellte Modell ausreichend war, um physikalische Gesetze zu bestätigen, obwohl es nur bei acht von 64 möglichen Zuständen der Gitterpunkte zur Streuung kommt, vgl. Tab. 7.2. In der Literatur sind andere Modelle zu fin-

(a) Flussdarstellung zum Zeitpunkt t_0

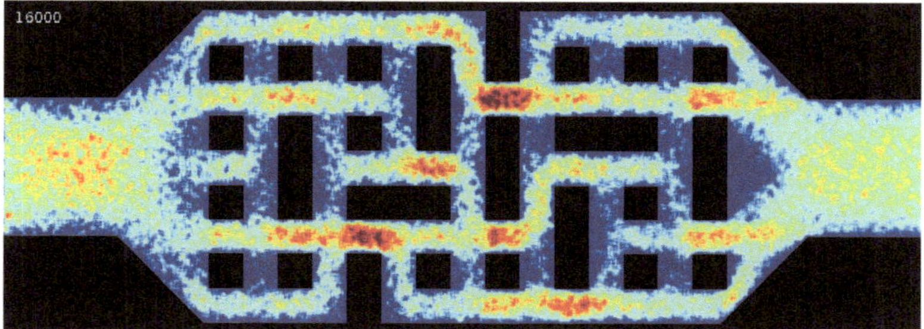

(b) Flussdarstellung nach 16 000 Schritten

Abb. 7.13 Die Flussdarstellung zum Startzeitpunkt t_0 ist in **(a)** veranschaulicht. Da zu diesem Zeitpunkt noch gar keine Teilchen im Spielfeld vorhanden sind, ist auch kein Teilchenfluss vorzufinden. Nach 16 000 Schritten zeigt die Simulation sehr deutlich, auf welchen Wegen sich Teilchen durch das Feld bewegen und an welchen Stellen die Strömung am größten ist, s. **(b)**

den, bei denen es bei einer größeren Anzahl der möglichen Zustände zur Streuung kommt. Trotzdem bleiben die Simulationsergebnisse ähnlich.

Eine weitere Ergänzung des Modells liegt darin, ein mögliches siebtes Teilchen pro Gitterpunkt einzuführen, welches keiner Richtung zugeordnet ist. Es handelt sich dabei um ein am Gitterpunkt ruhendes Teilchen, welches sich jedoch durch mögliche Regeln der Streuung in Bewegung setzen kann.

Diffusionsgleichung 8

Zusammenfassung

Die Diffusion beschreibt den Prozess der vollständigen Durchmischung zweier Stoffe, die zum Startzeitpunkt ungleichmäßig verteilt sind. In diesem Kapitel stellen wir einen zellulären Automaten vor, der genau dieses Vorgehen simuliert. Nach einer kurzen Einleitung in Abschn. 8.1 befindet sich in Abschn. 8.2 die Beschreibung des zellulären Automaten zur Diffusionsgleichung. Als Grundlage zum Modell dient aus mathematischer Sicht eine partielle Differentialgleichung, zu deren Verständnis allerdings weiterführende Mathematikkenntnisse benötigt werden. Die genaue Herleitung der Regeln zur Beschreibung der Schritte ist für interessierte Leser im Anhang C und nicht in diesem Kapitel zu finden, um alle folgenden Erläuterungen auch für Leser ohne mathematischen Hintergrund so allgemeinverständlich wie möglich zu halten. In den Abschn. 8.3 und 8.4 folgt anschließend jeweils eine Beispielsimulation zur ein- bzw. zweidimensionalen Diffusionsgleichung. Das Kapitel endet mit weiterführenden Bemerkungen in Abschn. 8.5.

8.1 Einleitung

Die *Wärmeleitungs-* bzw. *Diffusionsgleichung* beschreibt, wie sich eine zunächst ungleichmäßig verteilte Wärmemenge bzw. ein ungleichmäßig verteiltes Gemisch bestehend aus zwei Stoffen, z. B. Wasser und ein Farbstoff, mit der Zeit verteilt, s. Demtröder (2006). Mathematisch lässt sich die Diffusionsgleichung als partielle Differentialgleichung beschreiben, sodass zur genauen Herleitung der Regeln in diesem Kapitel weiterführende Mathematikkenntnisse benötigt werden, die deutlich über die übliche Schulmathematik auch eines Leistungskurses hinausgehen. Dennoch lassen sich die zellulären Automaten in diesem und im folgenden Kapitel auch mit grundlegenden Mathematikkenntnissen beschreiben und verstehen. Die genauen Herleitungen der Regeln sind daher für interessierte Leser nicht in diesem Kapitel, sondern im Anhang C zu finden.

D. Scholz, *Pixelspiele*, DOI 10.1007/978-3-642-45131-7_8,
© Springer-Verlag Berlin Heidelberg 2014

Es gibt mindestens zwei Möglichkeiten, Lösungen der Diffusionsgleichung durch einen zellulären Automaten zu approximieren. Eine Möglichkeit ähnelt dem Gitter-Gas-Modell, indem wir einzelne Teilchen simulieren, die sich nach den Regeln des **Random-Walk**, also in zufällige Richtungen auf dem Spielfeld bewegen und verteilen, s. Chopard und Droz (1991). Wir untersuchen jedoch einen zellulären Automaten, indem wir die partiellen Ableitungen numerisch approximieren, s. Hanke-Bourgeois (2009) und Yang und Young (2006). Dies hat den Vorteil, dass sich auf ähnliche Art und Weise auch andere partielle Differentialgleichungen durch einen zellulären Automaten numerisch lösen lassen.

Da die Diffusionsgleichung für beliebige Dimensionen formuliert werden kann, stellen wir in diesem Kapitel sowohl die eindimensionale Diffusionsgleichung als eindimensionalen zellulären Automaten als auch die zweidimensionale Diffusionsgleichung als zweidimensionalen zellulären Automaten vor. Das folgende Kap. 9 präsentiert eine Erweiterung des zellulären Automaten der zweidimensionalen Diffusionsgleichung, in welcher zwei Stoffe neben der Diffusion zusätzlich eine Reaktion eingehen können.

8.2 Beschreibung des Modells

Unabhängig von den mathematischen Grundlagen zur numerischen Behandlung der Diffusionsgleichung, welche im Anhang C zusammengefasst werden, folgt in diesem Abschnitt eine Beschreibung des zellulären Automaten zur Lösung der Diffusionsgleichung. Dabei unterscheiden wir zwischen der ein- und der zweidimensionalen Diffusionsgleichung, wobei die Menge der Zustände jeweils identisch ist.

8.2.1 Beschreibung der Zustände

Zur Veranschaulichung der Diffusionsgleichung stellen wir uns beispielsweise einen flüssigen Farbstoff vor, der zunächst ungleichmäßig in Wasser gelöst ist. Jedes Pixel $x_i(t_k)$ des Spielfeldes beschreibt nun die Konzentration des Farbstoffes an einem festen Ort zum Zeitpunkt t_k. Obwohl eine Konzentration im Allgemeinen durch einen kontinuierlichen Wert beschrieben wird, entscheiden wir uns bewusst für eine endliche Anzahl von Zuständen, um konsistent zur Definition von zellulären Automaten aus Kap. 1 zu sein.

Wir wählen daher die Zustandsmenge

$$Q = \{q_0, q_1, q_2, \ldots, q_{999}, q_{1000}\},$$

sodass der Zustand q_k dem Wert k entspricht, s. auch Tab. 8.1. Weiterhin veranschaulicht Abb. 8.1 die Farbkodierung aller 1001 Zustände.

Gilt beispielsweise

$$x_i(t_k) = q_0 = 0,$$

Tab. 8.1 Beispiele der insgesamt 1001 Zustände q_0 bis q_{1000} im zellulären Automaten zur Lösung der Diffusionsgleichung

Zustand	Farbe	Beschreibung
q_0		Entspricht dem Wert 0
q_{183}		Entspricht dem Wert 183
q_{420}		Entspricht dem Wert 420
q_{547}		Entspricht dem Wert 547
q_{631}		Entspricht dem Wert 631
q_{843}		Entspricht dem Wert 843
q_{901}		Entspricht dem Wert 901
q_{1000}		Entspricht dem Wert 1000

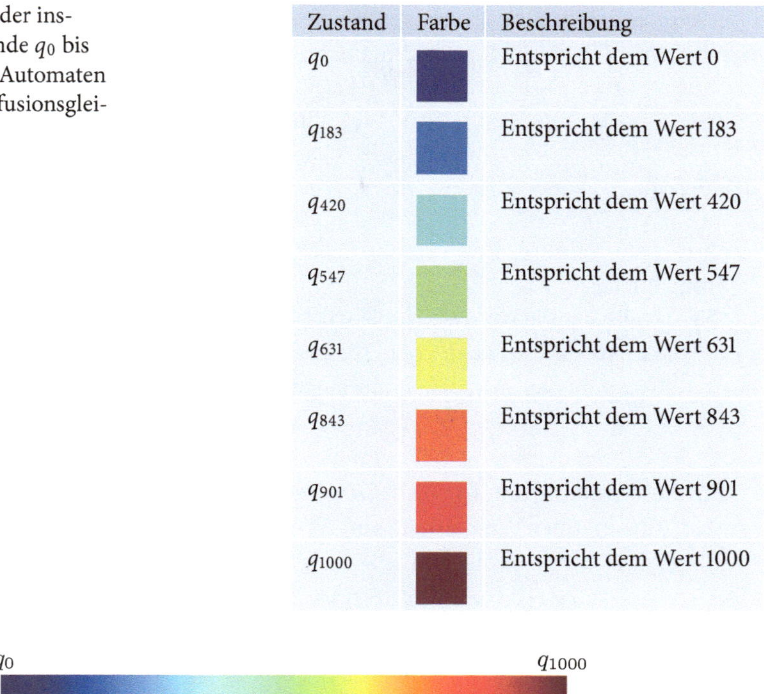

Abb. 8.1 Farbkodierung der Zustände q_0 bis q_{1000} im zellulären Automaten zur Lösung der Diffusionsgleichung

so bedeutet dies, dass die Konzentration am Ort des Pixels x_i zum Zeitpunkt t_k gleich null und somit der Farbstoff am Ort des Pixels gar nicht vorhanden ist. Umgekehrt bedeutet

$$x_i(t_k) = q_{1000} = 1000\,,$$

dass das Gemisch am Ort des Pixels x_i zum Zeitpunkt t_k **_gesättigt_** ist, d. h. die Konzentration des Farbstoffes ist so hoch wie nur möglich.

8.2.2 Beschreibung der Schritte zur eindimensionalen Diffusionsgleichung

Nach der Beschreibung der Zustände lassen sich die Schritte des zellulären Automaten zur Lösung der Diffusionsgleichung recht einfach beschreiben.

Wir verwenden ein eindimensionales Spielfeld mit den Pixeln x_1 bis x_n. Der Zustand des Pixels x_i zum Zeitpunkt t_k beschreiben wir durch eine Zahl aus der Zustandsmenge

$$Q = \{0, 1, 2, \ldots, 999, 1000\}\,.$$

Als Nachbarschaft 3 ♠♠ benötigen wir eine einfache 1-Nachbarschaft, und weiterhin verwenden wir periodische Randbedingungen 5▦. Dies bedeutet, dass wir formal

$$x_0(t_k) = x_n(t_k) \quad \text{und} \quad x_{n+1}(t_k) = x_1(t_k)$$

definieren.

> **Frage 8.1**
>
> **?!** Unabhängig davon, welche Startkonfiguration gewählt wird: Was lässt sich allein aus der physikalischen Anschauung des Modells über die Zustände aller Pixel des Spielfeldes nach sehr langer Zeit aussagen?

Zur Beschreibung der Schritte 4⊖⊙ nutzen wir die im Anhang C hergeleitete Rechenvorschrift (C.2) unter Verwendung von $\Delta t = \Delta r = 1$ und erhalten

$$x_i(t_{k+1}) = D \cdot \Big(x_{i+1}(t_k) - 2 \cdot x_i(t_k) + x_{i-1}(t_k) \Big) + x_i(t_k) \qquad (8.1)$$

für $i = 1, \ldots, n$. Dabei ist $D > 0$ die **Diffusionskonstante** und dient als Maß für die Geschwindigkeit der Diffusion. Je größer die Diffusionskonstante, desto schneller verteilen sich die beiden Stoffe des Gemisches. Allerdings erhalten wir mit dieser Rechenvorschrift nur dann physikalisch sinnvolle Lösungen, wenn

$$D \leq 0{,}5$$

gilt. Dies ist damit zu begründen, dass wir für $D > 0{,}5$ Werte von

$$x_i(t_{k+1}) < 0 \quad \text{oder} \quad x_i(t_{k+1}) > 1000$$

erhalten könnten, was physikalisch nicht möglich ist.

> **Frage 8.2**
>
> **?!** Angenommen, die beiden Pixel aus der Nachbarschaft von x_i haben zum Zeitpunkt t_k eine höhere Konzentration als x_i selbst. Was lässt sich dann über die Konzentration des Stoffes am Ort von x_i zum Zeitpunkt t_{k+1} aussagen?

Wie in der Einleitung bereits beschrieben, verbirgt sich hinter der Regel (8.1) die diskrete Ableitung einer partiellen Differentialgleichung. Für interessierte Leser mit weiterführenden Mathematikkenntnissen ist im Anhang C das Zustandekommen dieser Gleichung ausführlich beschrieben.

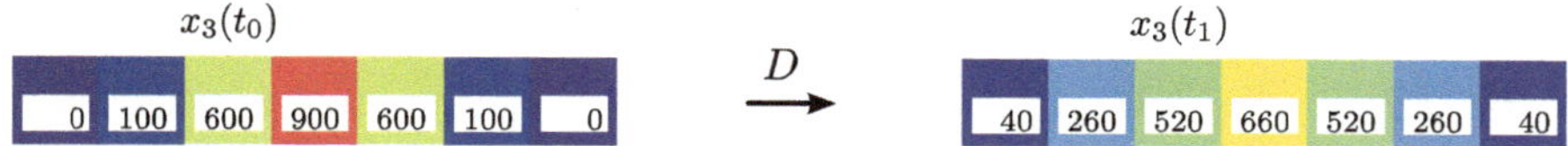

Abb. 8.2 Beispiel zur Beschreibung der Schritte bei der eindimensionalen Diffusionsgleichung mit einer Diffusionskonstanten von $D = 0{,}4$ auf einem Spielfeld mit $n = 7$ Pixeln. Neben der Farbkodierung verdeutlichen die Zahlen den jeweiligen Zustand der Pixel. Die Startkonfiguration G_0 ist links zu sehen, die folgende Generation G_1 nach Anwendung der Regel (8.1) ist rechts veranschaulicht

Abb. 8.2 zeigt ein Beispiel zur Berechnung der Schritte mit $D = 0{,}4$. Beispielsweise ergibt sich

$$x_3(t_1) = D \cdot \Big(x_4(t_0) - 2 \cdot x_3(t_0) + x_2(t_0)\Big) + x_3(t_0)$$

$$= 0{,}4 \cdot \Big(900 - 2 \cdot 600 + 100\Big) + 600 = 520 \,.$$

Frage 8.3

?! Angenommen, zum Zeitpunkt t_k haben alle Pixel des Spielfeldes den gleichen Zustand. Welchen Zustand haben die Pixel dann in der folgenden Generation? Entspricht dies auch der physikalischen Vorstellung?

8.2.2.1   Runden

Schließlich muss noch beachtet werden, dass $x_i(t_{k+1})$ je nach Wert von D nicht unbedingt ganzzahlig sein muss und $x_i(t_{k+1})$ demnach keinem Zustand aus der Zustandsmenge Q entsprechen würde. In diesem Fall muss noch gerundet werden. Hierzu bezeichnen wir mit $\lfloor a \rfloor$ die abgerundete Zahl a, beispielsweise

$$\lfloor 3{,}78 \rfloor = 3 \,.$$

Eine nicht-ganzzahlige Zahl a runden wir folgendermaßen:

$$a \text{ gerundet} = \begin{cases} \lfloor a \rfloor + 1 & \text{mit einer Wahrscheinlichkeit von } a - \lfloor a \rfloor \\ \lfloor a \rfloor & \text{anderenfalls} \end{cases} \,. \tag{8.2}$$

Dazu sei bemerkt, dass $a - \lfloor a \rfloor$ genau dem Nachkommaanteil von a entspricht und somit

$$0 \le a - \lfloor a \rfloor \le 1$$

gilt. Das folgende Beispiel zeigt, dass die etwas komplizierte Beschreibung zum Runden eigentlich sehr einfach ist.

Frage 8.4

?! Mache dir Gedanken zur Rundung. Warum wurde genau diese Regel verwendet? Welche Alternativen gibt es? Wie verändern sich die Simulationsergebnisse, wenn stets abgerundet wird?

Beispiel 8.1 Angenommen, wir erhalten $x_i(t_{k+1}) = 729{,}25$. Dann muss gerundet werden, damit $x_i(t_{k+1})$ in der folgenden Generation auch tatsächlich einem Zustand der Zustandsmenge Q entspricht. Im Beispiel ergibt sich nach Regel (8.2) zum Runden

$$x_i(t_{k+1}) = \begin{cases} 730 & \text{mit einer Wahrscheinlichkeit von } 729{,}25 - 729 = \frac{1}{4} \\ 729 & \text{mit einer Wahrscheinlichkeit von } \frac{3}{4} \end{cases} .$$

8.2.2.2 Beschreibung als Algorithmus

Algorithmus 8.1 fasst den zellulären Automaten zur Lösung der eindimensionalen Diffusionsgleichung zusammen.

Algorithnmus 8.1 Zellulärer Automat zur eindimensionalen Diffusionsgleichung
(1) Wähle ein eindimensionales Spielfeld mit n Pixeln sowie eine Diffusionskonstante $D \leq 0{,}5$. Setze $k = 0$.
(2) Erzeuge eine Startkonfiguration zum Zeitpunkt t_0.
(3) Berechne $x_i(t_{k+1})$ gemäß Rechenvorschrift (8.1) für $i = 1, \dots n$.
(4) Falls $x_i(t_{k+1})$ nicht ganzzahlig ist und somit keinem Zustand von Q entspricht, runde gemäß Vorschrift (8.2) für $i = 1, \dots, n$.
(5) Setze $k = k + 1$ und speichere das Spielfeld zum Zeitpunkt t_k als Generation G_k.
(6) Gehe zu Schritt (3) oder beende, falls k eine zuvor definierte Grenze überschritten hat.

8.2.3 Beschreibung der Schritte zur zweidimensionalen Diffusionsgleichung

Die zweidimensionale Diffusionsgleichung lässt sich nun ähnlich einfach durch einen zellulären Automaten numerisch lösen. Dazu wählen wir ein zweidimensionales Spielfeld **1** mit $m \times n$ Pixeln, sodass $x_{ij}(t_k)$ den Zustand des Pixels x_{ij} zum Zeitpunkt t_k definiert.

Wir benötigen eine Von-Neumann-Nachbarschaft **3** und verwenden wie zuvor periodische Randbedingungen **5**, sodass formal z. B.

$$x_{0,j}(t_k) = x_{n,j}(t_k) \quad \text{für} \quad j = 1, \dots, n$$

gilt.

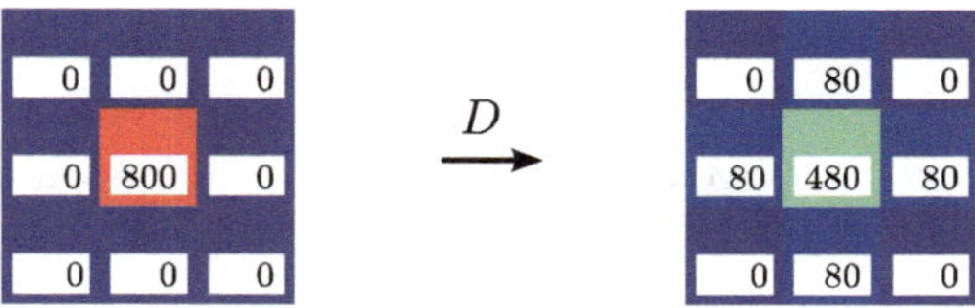

Abb. 8.3 Beispiel zur Beschreibung der Schritte bei der zweidimensionalen Diffusionsgleichung mit einer Diffusionskonstanten von $D = 0{,}1$ auf einem Spielfeld mit 3×3 Pixeln. Neben der Farbkodierung verdeutlichen die Zahlen den jeweiligen Zustand der Pixel. Die Startkonfiguration G_0 ist links zu sehen, die folgende Generation G_1 nach Anwendung der Regel (8.3) ist rechts veranschaulicht

Mit der im Anhang C hergeleiteten Rechenvorschrift (C.4) und wieder unter Verwendung von $\Delta t = \Delta r = 1$ erhalten wir die folgende Rechenvorschrift (8.3) 4●◉ zur zweidimensionalen Diffusionsgleichung:

$$x_{ij}(t_{k+1}) = D \cdot \Big(x_{i+1,j}(t_k) + x_{i,j+1}(t_k) + x_{i-1,j}(t_k) + x_{i,j-1}(t_k) - 4 \cdot x_{ij}(t_k) \Big) + x_{ij}(t_k) \quad (8.3)$$

für $i = 1, \ldots, m$ und $j = 1, \ldots, n$. Damit ergibt sich der Zustand von x_{ij} zum Zeitpunkt t_{k+1} aus einem gewichteten Mittelwert aller Pixel aus der Von-Neumann-Nachbarschaft von x_{ij} zum Zeitpunkt t_k. Je größer D, desto stärker wächst der Anteil der vier Nachbarpixel im Vergleich zu x_{ij} selbst.

Mit der gleichen Begründung wie auch schon bei der eindimensionalen Diffusionsgleichung erhalten wir hier nur dann physikalisch sinnvolle Lösungen, wenn als Diffusionskonstante ein Wert

$$D \le 0{,}25$$

gewählt wird.

Frage 8.5

?! Angenommen, es gilt $D = 0{,}5$. Definiere ein Spielfeld zum Startzeitpunkt t_0, sodass sich gemäß Rechenvorschrift (8.3) ein Wert bzw. Zustand mindestens eines Pixels in der folgenden Generation kleiner als 0 oder größer als 1000 ergibt. Welche Zustände ergeben sich in der folgenden Generation, wenn das gleiche Beispiel mit $D = 0{,}25$ durchgeführt wird?

Im Beispiel aus Abb. 8.3 haben die vier Nachbarpixel des mittleren Pixels $x_{2,2}$ zum Zeitpunkt t_0 den Zustand 0. Wir erhalten daher

$$x_{2,2}(t_1) = D \cdot \Big(x_{3,2}(t_0) + x_{2,3}(t_0) + x_{1,2}(t_0) + x_{2,1}(t_0) - 4 \cdot x_{2,2}(t_0) \Big) + x_{2,2}(t_0)$$

$$= 0{,}1 \cdot \Big(0 - 4 \cdot 800 \Big) + 800 = 480 \, .$$

8.2.3.1 Beschreibung als Algorithmus

Algorithmus 8.2 fasst den zellulären Automaten zur Lösung der zweidimensionalen Diffusionsgleichung zusammen. Dabei muss beachtet werden, dann wir auch hier gemäß Vorschrift (8.2) runden müssen, falls sich ein nicht ganzzahliger Wert für $x_{ij}(t_{k+1})$ ergibt.

Algorithnmus 8.2 Zellulärer Automat zur zweidimensionalen Diffusionsgleichung

(1) Wähle ein zweidimensionales Spielfeld mit $m \times n$ Pixeln sowie eine Diffusionskonstante $D \le 0{,}25$. Setze $k = 0$.

(2) Erzeuge eine Startkonfiguration zum Zeitpunkt t_0.

(3) Berechne $x_{ij}(t_{k+1})$ gemäß Rechenvorschrift (8.3) für $i = 1, \ldots, m$ und $j = 1, \ldots, n$.

(4) Falls $x_{ij}(t_{k+1})$ nicht ganzzahlig ist und somit keinem Zustand von Q entspricht, runde gemäß Vorschrift (8.2) für $i = 1, \ldots, m$ und $j = 1, \ldots, n$.

(5) Setze $k = k + 1$ und speichere das Spielfeld zum Zeitpunkt t_k als Generation G_k.

(6) Gehe zu Schritt (3) oder beende, falls k eine zuvor definierte Grenze überschritten hat.

8.3   Eindimensionale Beispielsimulation

Als Beispielsimulation zur eindimensionalen Diffusionsgleichung wählen wir ein Spielfeld mit $n = 600$ Pixeln sowie eine Diffusionskonstante von $D = 0{,}4$.

Die Startkonfiguration 6⟳ wird so erzeugt, dass sich anfänglich eine vergleichsweise hohe Konzentration eines Stoffes in der Spielfeldmitte befindet, s. auch Abb. 8.5a.

Abb. 8.4 veranschaulicht die ersten 40.000 Schritte dieser Beispielsimulation, wobei nur jede hundertste Generation dargestellt wurde. Wie physikalisch erwartet, verteilt sich die anfänglich hohe Konzentration des Stoffes in der Mitte allmählich auf dem gesamten Spielfeld, bis die Konzentration in ferner Zukunft überall konstant ist.

 Neben der üblichen Pixel-Zustands-Ansicht in Abb. 8.4 lässt sich die Beispielsimulation zur eindimensionalen Diffusionsgleichung auch als Animation darstellen. Jede Generation G_k entspricht dann einer Approximation der Lösung der Diffusionsgleichung zum Zeitpunkt t_k und kann somit als Approximation einer eindimensionalen Funktion veranschaulicht werden.

Abb. 8.5 zeigt eine derartige Animation zu vier unterschiedlichen Zeitpunkten. Noch deutlicher ist nun zu erkennen, wie sich die anfänglich vergleichsweise hohe Konzentration in der Spielfeldmitte im Laufe der Zeit auf dem gesamten Spielfeld verteilt.

Abb. 8.4 Beispielsimulation zur eindimensionalen Diffusionsgleichung auf einem Spielfeld mit $n = 600$ Pixeln sowie einer Diffusionskonstanten von $D = 0{,}4$. In der untersten Zeile ist die Startgeneration G_0 mit einer hohen Konzentration in der Spielfeldmitte dargestellt. Von unten nach oben wurden die folgenden Generationen veranschaulicht, wobei die Abbildung so skaliert ist, dass in der obersten Zeile das Spielfeld nach 40.000 Schritten zu sehen ist. Es ist zu erkennen, wie sich die Konzentration im Laufe der Zeit auf dem gesamten Spielfeld gleichmäßig verteilt

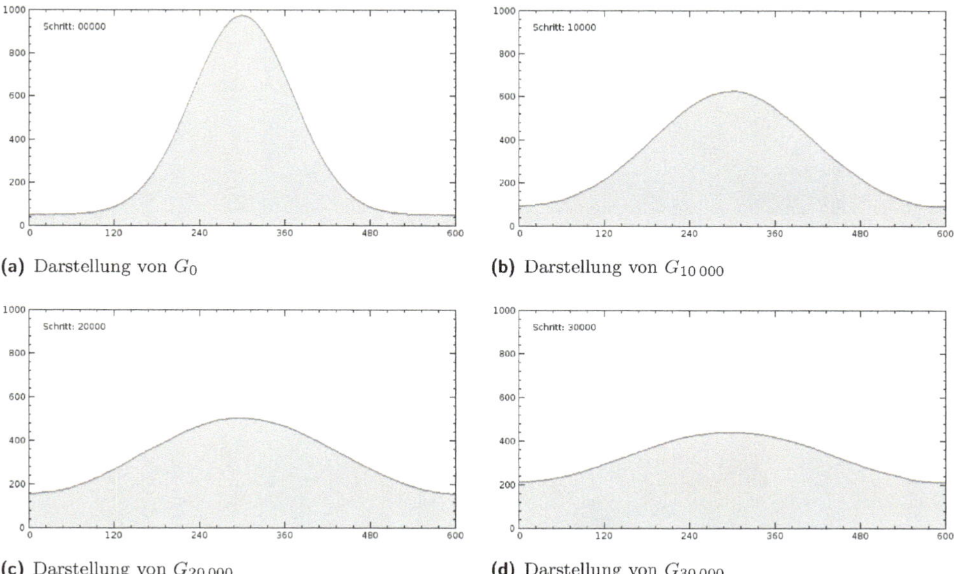

(a) Darstellung von G_0

(b) Darstellung von $G_{10\,000}$

(c) Darstellung von $G_{20\,000}$

(d) Darstellung von $G_{30\,000}$

Abb. 8.5 Veranschaulichung der Beispielsimulation der eindimensionalen Diffusionsgleichung zu den Zeitpunkten t_0, $t_{10.000}$, $t_{20.000}$ und $t_{30.000}$. Verwendet wurden die exakt gleichen Daten wie zuvor in Abb. 8.4, wobei jeweils der Zustand bzw. die zugehörige Konzentration der Pixel x_1 bis x_{600} dargestellt wurde. Wieder ist deutlich zu erkennen, wie sich die anfänglich vergleichsweise hohe Konzentration in der Spielfeldmitte im Laufe der Zeit auf dem gesamten Spielfeld verteilt

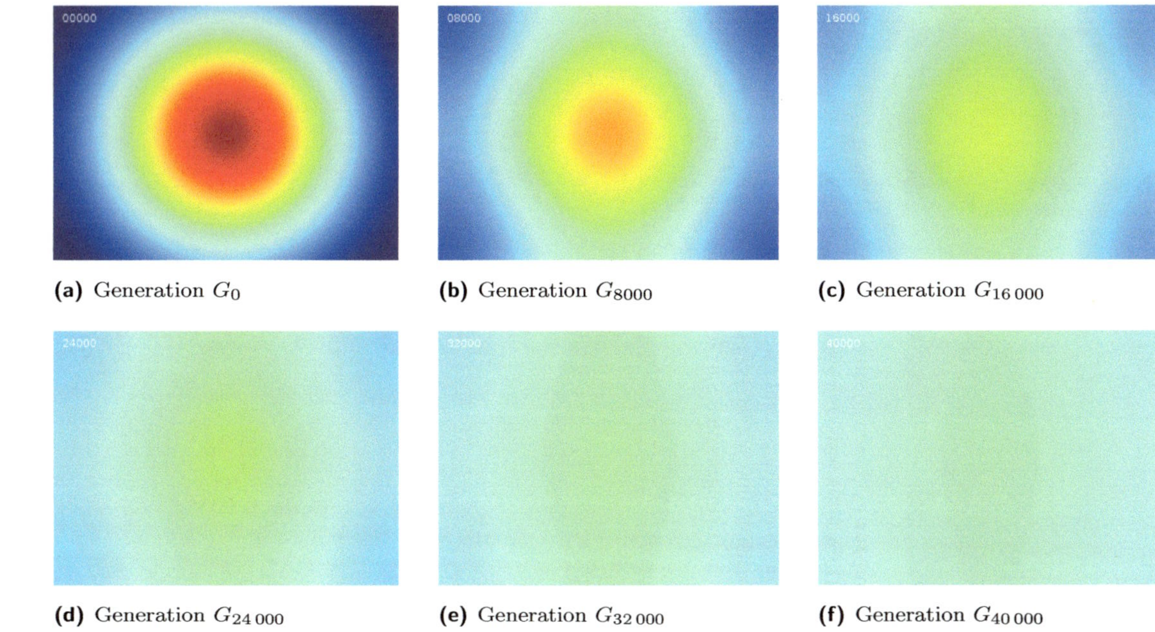

(a) Generation G_0

(b) Generation G_{8000}

(c) Generation $G_{16\,000}$

(d) Generation $G_{24\,000}$

(e) Generation $G_{32\,000}$

(f) Generation $G_{40\,000}$

Abb. 8.6 Beispielsimulation zur zweidimensionalen Diffusionsgleichung auf einem Spielfeld mit 300×400 Pixeln sowie einer Diffusionskonstanten von $D = 0{,}2$. Auch hier ist deutlich zu sehen, wie sich die anfänglich vergleichsweise hohe Konzentration in der Spielfeldmitte im Laufe der Zeit auf dem gesamten Spielfeld gleichmäßig verteilt

8.4 Zweidimensionale Beispielsimulation

Eine Beispielsimulation zur zweidimensionalen Diffusionsgleichung wurde auf einem Spielfeld mit 300×400 Pixeln sowie einer Diffusionskonstanten von $D = 0{,}2$ durchgeführt. Ähnlich wie zuvor wurde die Startkonfiguration $6\,\circlearrowleft$ so gewählt, dass wir zum Zeitpunkt t_0 eine vergleichsweise hohe Konzentration eines beispielsweise in Wasser gelösten Farbstoffes in der Spielfeldmitte vorfinden.

 In Abb. 8.6 ist das Spielfeld nach einer unterschiedlichen Anzahl von Schritten zu sehen. Es ist deutlich zu erkennen, wie sich die Konzentration auch im zweidimensionalen Beispiel mit der Zeit auf dem gesamten Spielfeld gleichmäßig verteilt.

8.5 Weiterführende Bemerkungen

In diesem Kapitel haben wir am Beispiel der Diffusionsgleichung gezeigt, dass sich partielle Differentialgleichungen unter gewissen Annahmen und Bedingungen mit einem zellulären Automaten lösen lassen. Mit dem zellulären Automaten zur zweidimensionalen Diffusionsgleichung haben wir damit auch die Grundlage zu Kap. 9 geschaffen, in welchem wir die Reaktions-Diffusionsgleichung behandeln.

π Natürlich lassen sich auch weitere partielle Differentialgleichungen auf ähnliche Art und Weise lösen. Ein Beispiel ist die **Wellengleichung**

$$\frac{\partial^2 u}{\partial t^2}(r, t) = c^2 \cdot \frac{\partial^2 u}{\partial r^2}(r, t)$$

mit der **Wellengeschwindigkeit** c, welche sich wie bei der Diffusionsgleichung auch als zweidimensionale Wellengleichung formulieren lässt. Aufgrund der zweiten Ableitung nach der Zeit muss an dieser Stelle jedoch zur Berechnung der Generation G_{k+1} nicht nur die vorherige Generation G_k, sondern zusätzlich auch noch die vorletzte Generation G_{k-1} berücksichtigt werden.

Weiterhin ist zu bemerken, dass wir bewusst eine endliche Anzahl von Zuständen verwendet haben und dies auch in Kap. 9 tun werden. Natürlich wäre es auch möglich gewesen, eine kontinuierliche Anzahl von Zuständen zu wählen, etwa alle reellen Zahlen aus dem Intervall $[0, 1000]$. In diesem Falle wäre das Runden nicht erforderlich gewesen.

Reaktions-Diffusionsgleichung 9

Zusammenfassung

Eine Erweiterung der Diffusionsgleichung ist die Reaktions-Diffusionsgleichung, welche wir in diesem Kapitel vorstellen werden. Dabei handelt es sich um ein System mit zwei in einer Flüssigkeit gelösten Stoffen, die beide einer Diffusion unterliegen und zudem miteinander reagieren können, s. Abschn. 9.1. Mathematisch gesehen führt uns dies, wie wir im Anhang C vorstellen werden, auf ein System aus zwei gekoppelten partiellen Differentialgleichungen. Unabhängig von den mathematischen Grundlagen stellen wir in Abschn. 9.2 eine Beschreibung zur Lösung der Reaktions-Diffusionsgleichung durch einen zellulären Automaten vor, wobei Kenntnisse aus Kap. 8 vorausgesetzt werden. Nach einer Beispielsimulation in Abschn. 9.3 zeigen wir, wie durch die Veränderung einiger Parameter Muster entstehen, wi sie auch in der Natur zu finden sind, s. Abschn. 9.4. Das Kapitel endet mit einer kurzen Vorstellung weiterer Modelle in Abschn. 9.5.

9.1 Einleitung

Wie im vorherigen Kapitel kennengelernt, beschreibt die *Diffusion* beispielsweise die Verteilung eines in Wasser gelösten Stoffes unter der Annahme, dass der Stoff anfangs ungleichmäßig auf dem Spielfeld verteilt ist. Ein Beispiel hierzu wäre die Verteilung eines Tintentropfens in einer mit Wasser benetzten Petrischale. Wir haben gesehen, wie sich die Diffusion durch einen zellulären Automaten simulieren lässt.

Das Modell der Diffusion auf einem zweidimensionalen Spielfeld wollen wir nun erweitern zur zweidimensionalen *Reaktions-Diffusionsgleichung*. Dabei handelt es sich um ein System mit zwei in einer Flüssigkeit gelösten Stoffen, die erstens jeweils unabhängig voneinander einer Diffusion unterliegen und zweitens miteinander reagieren können. Modelliert wird dieses Verhalten durch ein System aus zwei gekoppelten partiellen Differentialglei-

D. Scholz, *Pixelspiele*, DOI 10.1007/978-3-642-45131-7_9,
© Springer-Verlag Berlin Heidelberg 2014

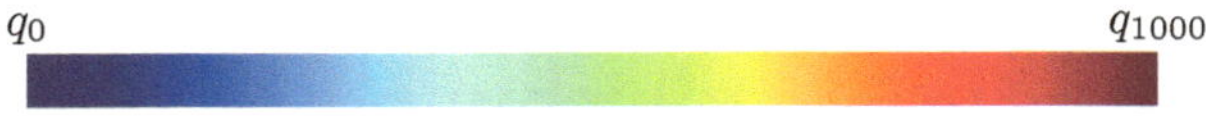

q_0 q_{1000}

Abb. 9.1 Farbkodierung der Zustände q_0 bis q_{1000} im zellulären Automaten zur Lösung der Reaktions-Diffusionsgleichung

chungen, wobei wir auch in diesem Kapitel nicht auf die mathematischen Hintergründe eingehen und zur genauen Herleitung auf Anhang C verweisen.

Unser Ziel in diesem Kapitel ist die Beschreibung eines zellulären Automaten zur Simulation der Reaktions-Diffusionsgleichung auf eine möglichst einfache Art und Weise, sodass sich dennoch hochinteressante Simulationsergebnisse erzielen lassen, s. auch Weimar (1997), Weimar (1998) und Yang und Young (2006). Es ergeben sich damit Beispiele der *Musterbildung*, wie sie auch in Deutsch und Dormann (2005) behandelt werden.

9.2 Beschreibung des Modells

Zur Beschreibung des zellulären Automaten der zweidimensionalen Reaktions-Diffusionsgleichung werden die Erkenntnisse aus Kap. 8 vorausgesetzt. Zur Berechnung eines Schrittes wird dann jeweils ein Teilschritt der Diffusion wie in Kap. 8 beschrieben und anschließend ein Teilschritt der Reaktion durchgeführt.

9.2.1 Beschreibung der Zustände

Wir verwenden die zur Diffusionsgleichung exakt identische Zustandsmenge 2

$$Q = \{q_0, q_1, \ldots, q_{999}, q_{1000}\}$$

mit $q_k = k$ für $k = 0, \ldots, 1000$, s. auch Abb. 9.1 zur Farbkodierung der Zustandsmenge.

Es sei bemerkt, dass der zelluläre Automat zur Reaktions-Diffusionsgleichung auch mit einer deutlich kleineren Zustandsmenge auskommen würde. Mit beispielsweise nur 101 anstelle der hier verwendeten 1001 Zustände ist kaum ein Unterschied in den Simulationen zu erkennen.

9.2.2 Beschreibung der Schritte

Eine Besonderheit beim zellulären Automaten zur Reaktions-Diffusionsgleichung ist es, dass für beide in der Flüssigkeit gelösten Stoffe ein eigenes Spielfeld 1 benötigt wird.

Somit wählen wir zwei Spielfelder mit jeweils $m \times n$ Pixeln: Das erste Spielfeld beschreibt die Konzentration von Stoff u und das zweite Spielfeld die Konzentration von Stoff v. Die

Pixel des ersten Spielfeldes seien x_{ij} und die des zweiten Spielfeldes y_{ij}, wobei x_{ij} und y_{ij} jeweils die Konzentration der Stoffe am gleichen Ort beschreiben.

Die Zustände von $x_{ij}(t_k)$ und $y_{ij}(t_k)$ geben damit jeweils die Konzentrationen von u und v am Ort der Pixel x_{ij} und y_{ij} zum Zeitpunkt t_k an.

9.2.2.1   Diffusion

Zur Berechnung eines Schrittes führen wir zunächst einen Teilschritt der Diffusion analog zu Abschn. 8.2 mit einer Von-Neumann-Nachbarschaft 3 ♦▲▲ durch, wobei die Diffusion nun für beide Stoffe bzw. auf beiden Spielfeldern ausgeführt wird 4 ●●, s. auch Abb. 9.2:

$$\overline{x}_{ij}(t_k) = D_u \cdot \left(x_{i+1,j}(t_k) + x_{i,j+1}(t_k) + x_{i-1,j}(t_k) + x_{i,j-1}(t_k) - 4 \cdot x_{ij}(t_k) \right) + x_{ij}(t_k),$$

$$\overline{y}_{ij}(t_k) = D_v \cdot \left(y_{i+1,j}(t_k) + y_{i,j+1}(t_k) + y_{i-1,j}(t_k) + y_{i,j-1}(t_k) - 4 \cdot y_{ij}(t_k) \right) + y_{ij}(t_k)$$

für $i = 1, \ldots, m$ und $j = 1, \ldots, n$, s. (8.3), wobei wir weiterhin periodische Randbedingungen 5 ▦ verwenden.

Dabei ist D_u die Diffusionskonstante von Stoff u und D_v die Diffusionskonstante von Stoff v. Auch hier müssen die Regeln

$$D_u \leq 0{,}25 \quad \text{sowie} \quad D_v \leq 0{,}25$$

beachtet werden, s. Abschn. 8.2.

9.2.2.2   Reaktion

Nachdem die Diffusion und damit die Berechnung der Zwischenergebnisse $\overline{x}_{ij}(t_k)$ sowie $\overline{y}_{ij}(t_k)$ durchgeführt wurde, folgt der Teilschritt der Reaktion.

π Dazu werden zwei geeignete Funktionen

$$f : \mathbb{R}^2 \to \mathbb{R} \quad \text{und} \quad g : \mathbb{R}^2 \to \mathbb{R}$$

benötigt, welche die **chemische Reaktion** der Stoffe u und v definieren. Wir erhalten damit in der folgenden Generation G_{k+1} schließlich

$$x_{ij}(t_{k+1}) = \overline{x}_{ij}(t_k) + f\left(\overline{x}_{ij}(t_k), \overline{y}_{ij}(t_k) \right),$$

$$y_{ij}(t_{k+1}) = \overline{y}_{ij}(t_k) + g\left(\overline{x}_{ij}(t_k), \overline{y}_{ij}(t_k) \right)$$

für $i = 1, \ldots, m$ und $j = 1, \ldots, n$. Abb. 9.2 veranschaulicht die Berechnung eines Schrittes unter Verwendung der Funktionen

$$f(u, v) = \frac{1}{2} \cdot (u + v) \quad \text{und} \quad g(u, v) = u - v .$$

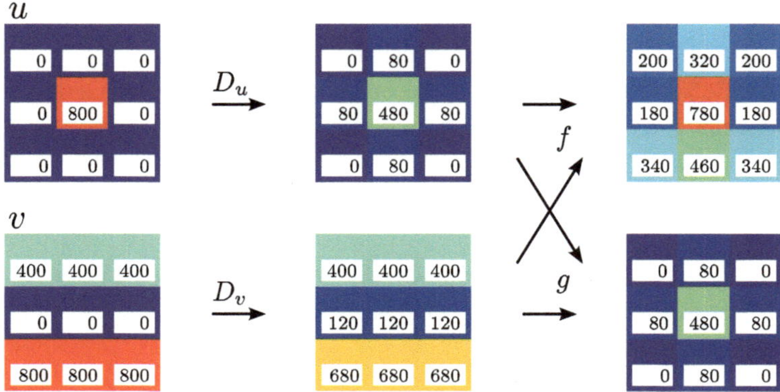

Abb. 9.2 Beispiel zur Beschreibung der Schritte der Reaktions-Diffusionsgleichung mit den Diffusionskonstanten $D_u = 0{,}1$ und $D_v = 0{,}1$. Neben der Farbkodierung verdeutlichen die Zahlen den jeweiligen Zustand der Pixel. Auf den Spielfeldern der Flüssigkeiten u und v zum Zeitpunkt t_0 (links) wird zunächst unabhängig voneinander die Diffusion, wie in Kap. 8 beschrieben, gemäß Rechenvorschrift (8.3) durchgeführt. Anschließend findet die Reaktion unter Verwendung der Funktionen $f(u,v) = \frac{1}{2} \cdot (u + v)$ sowie $g(u,v) = u - v$ statt, sodass die nachfolgende Generation zum Zeitpunkt t_1 auf den beiden Spielfeldern rechts zu sehen ist. Da alle Zustände ganzzahlig sind, muss in diesem Beispiel nicht gerundet werden

Frage 9.1

?! Welche Situation liegt vor, wenn zur Simulation der chemischen Reaktion die Funktionen $f(u,v) = 0$ und $g(u,v) = 0$ gewählt werden?

Frage 9.2

?! Was passiert auf lange Sicht, wenn

$$f(u,v) = -0{,}1 \cdot u \quad \text{und} \quad g(u,v) = 0{,}1 \cdot (1000 - v)$$

gewählt wird? Hängt das Ergebnis von der Startkonfiguration ab?

9.2.2.3   Runden

Für den Fall, dass $x_{ij}(t_{k+1})$ oder $y_{ij}(t_{k+1})$ am Ende eines Schrittes keine ganze Zahl aus der Zustandsmenge Q ist, muss auch hier analog zur Diffusionsgleichung gerundet werden, s. (8.2).

9.2.3 Startkonfiguration

Damit es überhaupt zu einer sinnvollen Reaktion kommen kann, ist es je nach Definition der Funktionen f und g äußerst wichtig, dass anfänglich günstige Konzentrationen der Stoffe u und v aufeinandertreffen. Um möglichst alle Kombinationsmöglichkeiten abzudecken und weiterhin die periodischen Randbedingungen zu berücksichtigen, schlagen wir folgende Startkonfiguration 6 ↻ vor:

Das Spielfeld zum Stoff u wird so initialisiert, dass wir in der Mitte eine hohe und nach links und rechts jeweils eine geringere Konzentration erhalten, wobei mit einem gewissen Zufallsfaktor Störungen produziert werden, s. Abb. 9.3a. Beim Spielfeld zum Stoff v erzeugen wir analog eine geringe Konzentration in der Mitte, die nach oben und unten jeweils ansteigt, s. Abb. 9.3g. Damit sind alle Kombinationsmöglichkeiten der Konzentrationen von u und v an mindestens einem Ort näherungsweise abgedeckt.

9.2.4 Formulierung als Algorithmus

Bevor wir interessante Anwendungen der Reaktions-Diffusionsgleichung vorstellen, fasst Algorithmus 9.1 abschließend nochmals die zuvor beschriebenen Schritte zur Berechnung einer Simulation zusammen.

Algorithnmus 9.1 Zellulärer Automat zur Reaktions-Diffusionsgleichung

(1) Wähle zwei zweidimensionale Spielfelder mit jeweils $m \times n$ Pixeln, wähle Diffusionskonstanten $D_u \leq 0{,}25$ sowie $D_v \leq 0{,}25$ und bestimme zwei Reaktionsfunktionen f und g. Setze $k = 0$.

(2) Erzeuge, wie zuvor beschrieben, Startkonfigurationen zum Zeitpunkt t_0.

(3) *Diffusion*. Berechne $\overline{x}_{ij}(t_k)$ und $\overline{y}_{ij}(t_k)$, wie zuvor in diesem Abschnitt unter Diffusion beschrieben, für $i = 1, \ldots, m$ und $j = 1, \ldots, n$.

(4) *Reaktion*. Berechne $x_{ij}(t_{k+1})$ und $y_{ij}(t_{k+1})$, wie zuvor in diesem Abschnitt unter Reaktion beschrieben, für $i = 1, \ldots, m$ und $j = 1, \ldots, n$.

(5) Falls $x_{ij}(t_{k+1})$ bzw. $y_{ij}(t_{k+1})$ nicht ganzzahlig ist und somit keinem Zustand von Q entspricht, runde gemäß Vorschrift (8.2) für $i = 1, \ldots, m$ und $j = 1, \ldots, n$.

(6) Setze $k = k + 1$ und speichere die Spielfelder zum Zeitpunkt t_k als Generation G_k.

(7) Gehe zu Schritt (3) oder beende, falls k eine zuvor definierte Grenze überschritten hat.

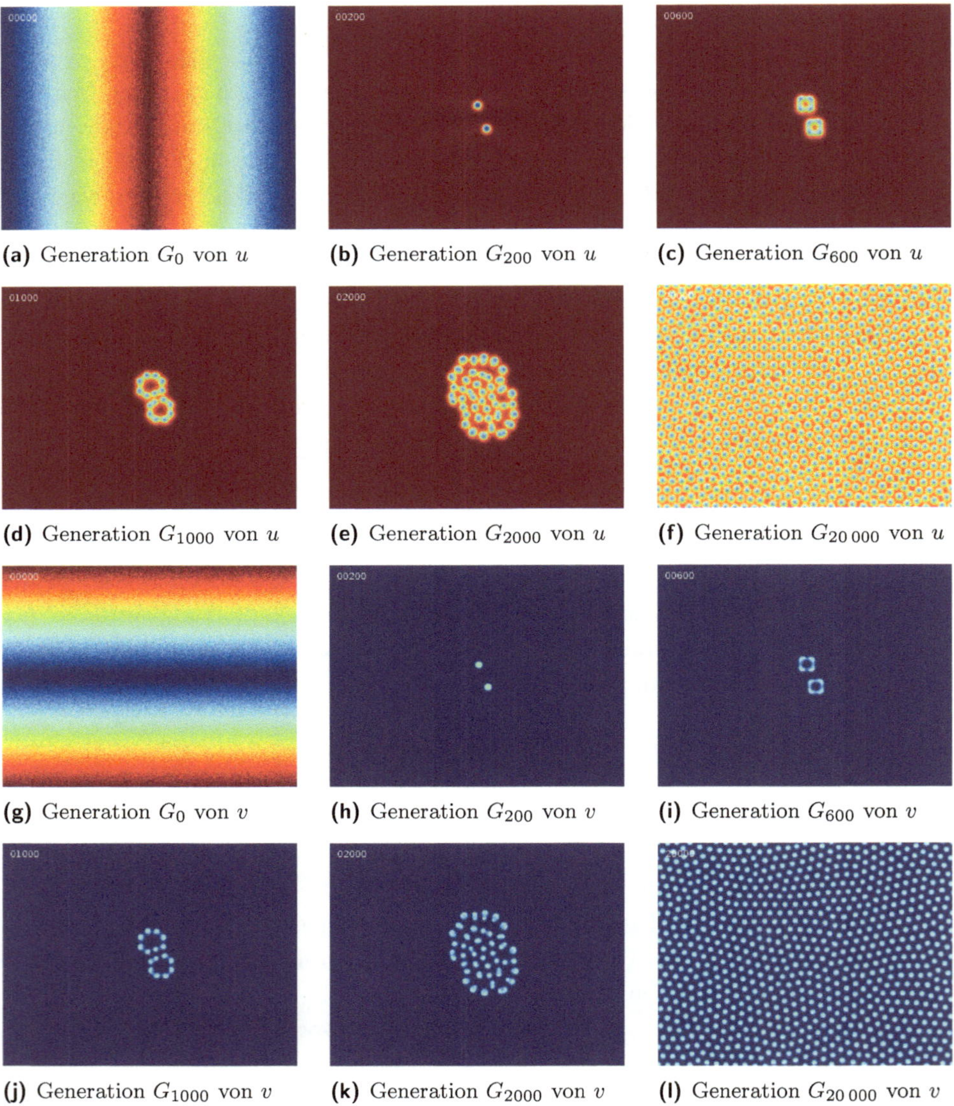

(a) Generation G_0 von u

(b) Generation G_{200} von u

(c) Generation G_{600} von u

(d) Generation G_{1000} von u

(e) Generation G_{2000} von u

(f) Generation $G_{20\,000}$ von u

(g) Generation G_0 von v

(h) Generation G_{200} von v

(i) Generation G_{600} von v

(j) Generation G_{1000} von v

(k) Generation G_{2000} von v

(l) Generation $G_{20\,000}$ von v

Abb. 9.3 Beispielsimulation zum Gray-Scott-Modell auf einem Spielfeld mit 300×400 Pixeln sowie den Diffusionskonstanten $D_u = 0{,}24$ und $D_v = 0{,}10$ und den Parametern $\alpha = 0{,}032$ und $\beta = 0{,}096$. Es bilden sich einzelne Zentren mit erhöhter Konzentration von v. Diese Zentren wachsen an, bis sie sich schließlich in mehrere Zentren teilen und so weiter. Die Simulation konvergiert gegen einen stabilen Zustand, in dem das gesamte Spielfeld von kleinen, fast kreisrunden Zentren ausgefüllt ist

9.3 Beispielsimulation

Als erste Beispielsimulation untersuchen wir das **Gray-Scott-Modell**, welches in Gray und
Scott (1985) eingeführt wurde. Definiert wird das Modell über die Reaktionsfunktionen

$$f(u,v) = -\frac{u \cdot v^2}{10^6} + \alpha \cdot (1000 - u) \quad \text{und} \quad g(u,v) = \frac{u \cdot v^2}{10^6} - \beta \cdot v .$$

Dabei sei bemerkt, dass die Faktoren 10^6 sowie 1000 in der Definition der Funktionen nur deshalb notwendig sind, da die Konzentrationen in obiger Beschreibung durch einen Wert bzw. Zustand zwischen 0 und 1000 definiert werden. Würde 1 einer vollständig gesättigten Lösung entsprechen, sodass die Konzentration durch eine reelle Zahl aus dem Intervall $[0,1]$ definiert wäre, dann würden die Faktoren 10^6 sowie 1000 in der Beschreibung der Reaktionsfunktionen nicht benötigt werden.

Die Grundlage zu den Funktionen f und g ist die folgende Reaktionsgleichung:

$$u + 2v \rightarrow 3v \tag{9.1}$$

Diese Reaktion wird jeweils durch den Term $u \cdot v^2$ ausgedrückt. In der Funktion f besitzt dieser Term ein negatives und in g ein positives Vorzeichen, da bildlich gesprochen ein Teilchen des Stoffes u zu einem Teilchen des Stoffes v reagiert. Weiterhin bewirkt der Term $\alpha \cdot (1000 - u)$ mit $\alpha > 0$, dass die Konzentration von u unabhängig von der Reaktionsgleichung bis zur vollständigen Sättigung von 1000 ansteigt. Umgekehrt bedeutet $-\beta \cdot v$ mit $\beta > 0$ eine mit der Zeit abnehmende Konzentration von v. Mit anderen Worten: Wenn keine Reaktion laut (9.1) stattfindet, dann erhalten wir mit der Zeit eine vollständige Sättigung des Stoffes u und v wird verschwinden.

 In der Beispielsimulation aus Abb. 9.3 wurden die Parameter

$$\alpha = 0{,}032 \quad \text{und} \quad \beta = 0{,}096$$

sowie die Diffusionskonstanten

$$D_u = 0{,}24 \quad \text{und} \quad D_v = 0{,}10$$

verwendet. Dargestellt sind sechs Generationen des Spielfeldes von u sowie die gleichen Generationen des Spielfeldes von v. Es ist zu erkennen, wie sich anfänglich zwei kleine Zentren oder Tropfen mit erhöhter Konzentration von v bilden, die mit der Zeit wachsen und sich schließlich in mehrere Zentren teilen. Dieser Vorgang wiederholt sich, bis sich das gesamte Spielfeld mit kleinen Zentren gefüllt hat und das gesamte System gegen einen **Fixpunkt** konvergiert.

Frage 9.3

?! Warum ist es wenig verwunderlich, dass sich zunächst genau zwei kleine Zentren oder Tropfen mit erhöhter Konzentration von v bilden und nicht nur ein oder mehr als zwei Zentren, s. auch Abb. 9.3b und h sowie die Beschreibung zur Erzeugung der Startkonfiguration?

9.4 Musterbildung

In diesem Abschnitt betrachten wir weiterhin das Gray-Scott-Modell aus der Beispielsimulation zuvor und untersuchen nun den Einfluss der Parameter α und β. Hierzu wurde jeweils eine Simulation auf einem Spielfeld mit 300×400 Pixeln sowie den Diffusionskonstanten

$$D_u = 0{,}24 \quad \text{und} \quad D_v = 0{,}10$$

durchgeführt.

Abb. 9.4 zeigt für unterschiedliche Werte von α und β einen 100×100 Pixel großen Ausschnitt des Spielfeldes von u nach jeweils $20\,000$ Schritten.

Es ist zu erkennen, wie sich in Abhängigkeit der Parameter ganz unterschiedliche Muster bilden, sodass man auch von **Musterbildung** spricht. Die Ergebnisse erinnern teilweise stark an Muster, die auch in der Natur zu finden sind, wie etwa das Fell eines Zebras, Muschelstrukturen oder ein Fingerabdruck, s. auch Murray (2003) und Meinhardt (2003).

9.5 Weitere Beispiele

Abschließend präsentieren wir noch zwei weitere Beispiele, bei denen wir nun die Reaktionsfunktionen variieren. Obwohl wir jeweils nur ein Beispiel vorstellen, entstehen auch bei den folgenden Modellen in Abhängigkeit der Parameter unterschiedliche und sehr interessante Muster.

9.5.1 Dynamisches Modell

Als dynamisches Modell untersuchen wir die Reaktionsfunktionen

$$f(u,v) = -\frac{u \cdot v^2}{10^6} + \alpha \cdot (1000 - u) \quad \text{und} \quad g(u,v) = \frac{u \cdot v^2}{10^6} - \frac{\beta \cdot v}{10^{-3} \cdot (1000 + u + v)},$$

s. Meinhardt (2003). Dabei weicht nur der zweite Term in g vom Gray-Scott-Modell ab.

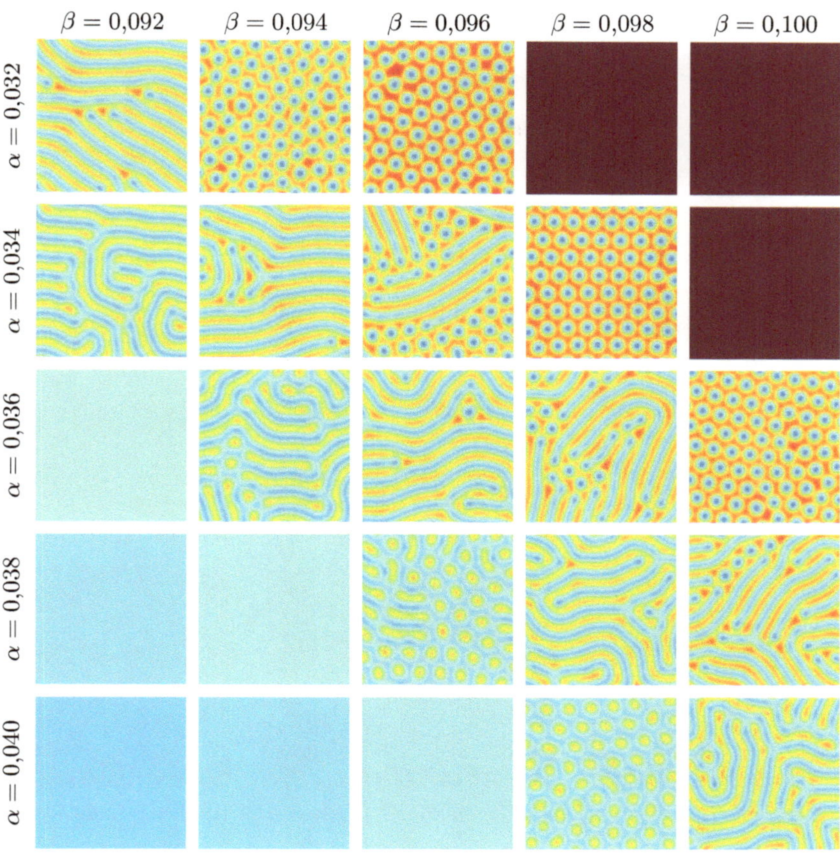

Abb. 9.4 Dargestellt ist jeweils ein 100×100 Pixel großer Ausschnitt des Spielfeldes von u nach jeweils 20 000 Generationen zum Gray-Scott-Modell mit den Diffusionskonstanten $D_u = 0{,}24$ und $D_v = 0{,}10$ in Abhängigkeit von α und β

Abb. 9.5 zeigt eine Beispielsimulation mit den Parametern

$$\alpha = 0{,}044 \quad \text{und} \quad \beta = 0{,}185$$

sowie den Diffusionskonstanten

$$D_u = 0{,}20 \quad \text{und} \quad D_v = 0{,}12 \,.$$

In diesem Beispiel konvergiert das System nicht gegen einen statischen Fixpunkt wie im Gray-Scott-Modell, sondern es ist ein stets dynamisches Verhalten zu beobachten.

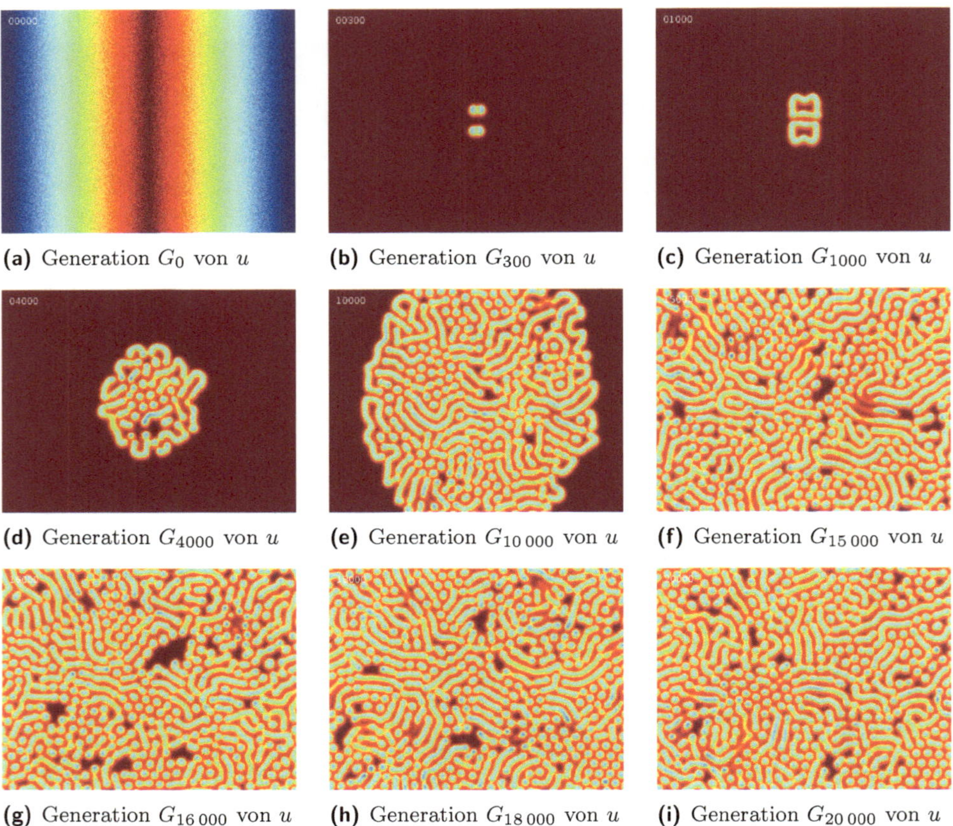

(a) Generation G_0 von u　　(b) Generation G_{300} von u　　(c) Generation G_{1000} von u

(d) Generation G_{4000} von u　　(e) Generation $G_{10\,000}$ von u　　(f) Generation $G_{15\,000}$ von u

(g) Generation $G_{16\,000}$ von u　　(h) Generation $G_{18\,000}$ von u　　(i) Generation $G_{20\,000}$ von u

Abb. 9.5 Beispielsimulation zum dynamischen Modell auf einem Spielfeld mit 300×400 Pixeln sowie den Diffusionskonstanten $D_u = 0{,}20$ und $D_v = 0{,}12$ und den Parametern $\alpha = 0{,}044$ und $\beta = 0{,}185$. Dargestellt sind unterschiedliche Generationen des Spielfeldes von u. In diesem Beispiel konvergiert das System nicht gegen einen statischen Fixpunkt, sondern das System ist dynamisch und verändert sich damit ständig

9.5.2 Statisches Modell

Als letztes Beispiel, s. Murray (2003), betrachten wir die Funktionen

$$f(u,v) = \gamma \cdot \left(u - \frac{u^3}{10^6} - v \right) \quad \text{und} \quad g(u,v) = \delta \cdot (u - v)$$

mit den Parametern

$$\gamma = 0{,}010 \quad \text{und} \quad \delta = 0{,}014$$

und den Diffusionskonstanten

$$D_u = 0{,}008 \quad \text{und} \quad D_v = 0{,}24 \,.$$

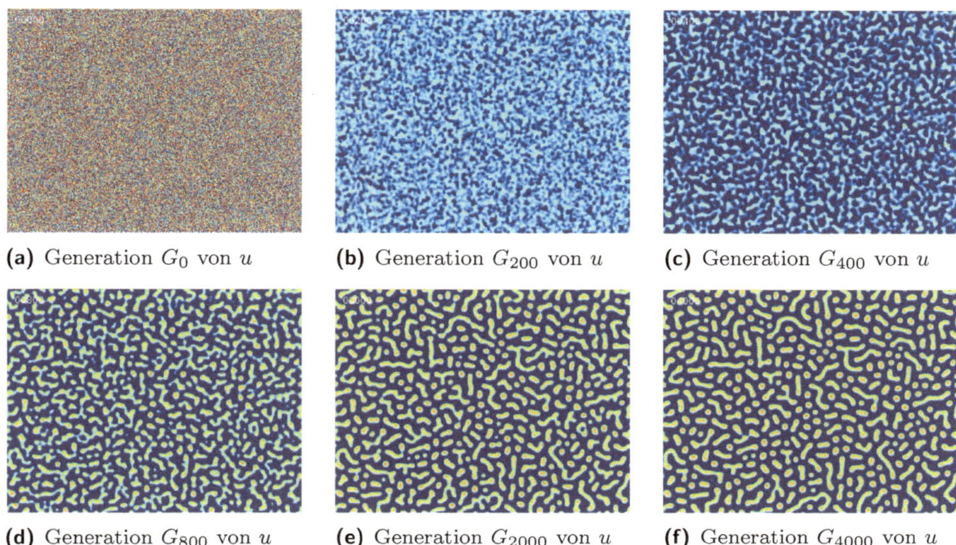

(a) Generation G_0 von u (b) Generation G_{200} von u (c) Generation G_{400} von u

(d) Generation G_{800} von u (e) Generation G_{2000} von u (f) Generation G_{4000} von u

Abb. 9.6 Beispielsimulation zum statischen Modell auf einem Spielfeld mit 300 × 400 Pixeln sowie den Diffusionskonstanten D_u = 0,008 und D_v = 0,24 und den Parametern γ = 0,010 und δ = 0,014. Dargestellt sind unterschiedliche Generationen des Spielfeldes von u. Anders als in den Beispielen zuvor, wurde eine völlig zufällige Startkonfiguration gewählt. Wieder konvergiert das System gegen einen festen, statischen Fixpunkt

Anders als bei den Beispielen zuvor verwenden wir nun eine komplett zufällige Startkonfiguration , sodass für alle Pixel der Spielfelder von u und v in der Generation G_0 ein rein zufälliger Zustand aus der Zustandsmenge gewählt wurde.

Obwohl eine derartige Startkonfiguration bei den Modellen zuvor im Allgemeinen zum Verschwinden der Chemikalie v geführt hätte, zeigt Abb. 9.6, wie sich in diesem Modell ein Muster ergibt, welches wieder gegen einen statischen Fixpunkt konvergiert.

Anhang A

Zusammenfassung

Wie bereits im Vorwort erwähnt, stehen auf der dort angegebenen Homepage kommentierte Quellcode-Dateien zur Verfügung, um die in diesem Buch vorgestellten Modelle auch mit grundlegenden Programmierkenntnissen selbstständig nachvollziehen und erweitern zu können. Darüber hinaus befassen wir uns in diesem Anhang mit einer Möglichkeit zum Speichern und Laden einer Bilddatei in der Programmiersprache Java. Genauer beschäftigen wir uns mit dem Speichern eines zweidimensionalen Arrays in einer PNG-Datei sowie mit dem Einlesen eines PNG-Bildes, welches anschließend in einem Array abgelegt wird. Mit diesen Hinweisen sollte jeder Leser, der über ein wenig Erfahrung in Java verfügt, in der Lage sein, zelluläre Automaten auch eigenständig zu implementiert und Erfahrungen zu sammeln.

A.1 Speichern eines Bildes

In diesem Abschnitt stellen wir einen Java-Code zum Erzeugen eines Bildes und zum Speichern in einer *PNG-Datei* vor.

```java
import java.awt.*;
import java.awt.image.*;
import java.io.File;
import javax.imageio.ImageIO;
import java.lang.Math;

public class save {

  public static int width = 900;
  public static int height = 160;
  public static int[][] array = new int[height][width];

  public static void write_buffer_image (Graphics2D plot) {
    for (int i = 0; i < height; i++) for (int j = 0; j < width; j++) {

      if (array[i][j] == 0) plot.setColor(new java.awt.Color( 80,  80,  80)); else
      if (array[i][j] == 1) plot.setColor(new java.awt.Color(230,   0,   0)); else
      if (array[i][j] == 2) plot.setColor(new java.awt.Color(255, 200,   0)); else
      plot.setColor(new java.awt.Color(0, 0, 0));

      plot.fillRect(j, i, 1, 1);
    }
```

D. Scholz, *Pixelspiele*, DOI 10.1007/978-3-642-45131-7,
© Springer-Verlag Berlin Heidelberg 2014

```java
}

public static void save_buffer_image (String filename) throws Exception {
  BufferedImage img = new BufferedImage(width, height, BufferedImage.TYPE_INT_ARGB);
  write_buffer_image(img.createGraphics());
  try {
    ImageIO.write(img, "png", new File(filename + ".png"));
  } catch (Exception ex) {
    throw new Exception("Save_image_failed!");
  }
}

public static void save_image (String filename) {
  try {
    save_buffer_image(filename);
  } catch (Exception ex) {
    System.exit(1);
  }
}

public static void random_state () {
  for (int i = 0; i < height; i++) for (int j = 0; j < width; j++) {
    if ((i<12) || (i>=height-12) || (j<12) || (j>=width-12)) array[i][j] = 0; else
    if (Math.random() > j / (double) width) array[i][j] = 1; else
    array[i][j] = 2;
  }
}

public static void main (String[] args) {
  random_state ();
  save_image ("output");
}

}
```

Es wird zunächst ein zweidimensionales Array mit 160 × 900 Feldern angelegt, welche in der Funktion `random_state()` nach bestimmten Regeln mit 0, 1 oder 2 beschrieben werden. Anschließend wird durch den Aufruf der Funktion `save_image("output")` aus dem Array ein Bild mit 160 × 900 Pixeln erzeugt und in eine Datei `output.png` geschrieben. Wie in der Funktion `write_buffer_image()` kodiert ist, entspricht jedes Feld im Array genau einem Pixel im Bild. Dabei gilt:

1. Ein Feld im Array mit dem Wert 0 entspricht einem grauen Pixel im Bild.
2. Ein Feld im Array mit dem Wert 1 entspricht einem roten Pixel im Bild.
3. Ein Feld im Array mit dem Wert 2 entspricht einem gelben Pixel im Bild.

Abb. A.1 zeigt ein mit diesem Code erzeugtes Bild. Dabei sei nochmals darauf hingewiesen, dass nur drei Farben verwendet wurden.

A.2   Einlesen eines Bildes

In diesem Abschnitt wollen wir uns auch mit dem Einlesen einer Bilddatei befassen, welche anschließend als Zahlenwerte in einem zweidimensionalen Array abgelegt wird. Dazu

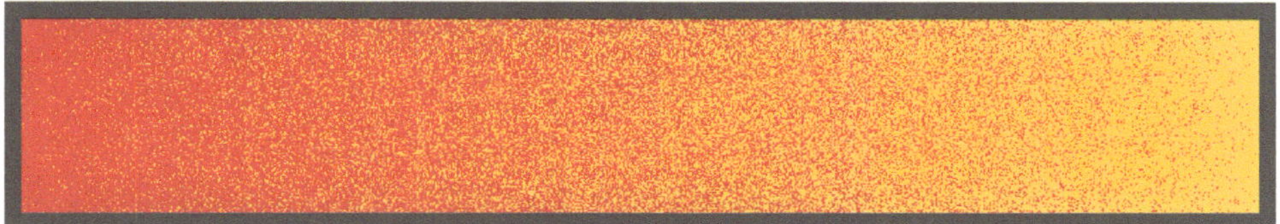

Abb. A.1 Beispiel eines Bildes mit 160 × 900 Pixeln, welches in Java erzeugt und gespeichert wurde. Dabei werden nur drei Farben verwendet: *Grau*, *Rot* und *Gelb*

Abb. A.2 Vergrößerte Darstellung eines Bildes mit 10 × 20 Pixeln, welches als Input zum Einlesen in Java verwendet wird. Anschließend wird das Bild in einem zweidimensionalen Array gespeichert, wobei *Grau* einer 0, *Rot* einer 1 und *Gelb* einer 2 entspricht

wählen wir ein Bild mit 10 × 20 Pixeln, welches stark vergrößert in Abb. A.2 dargestellt ist. Dieses Bild besteht wieder nur aus den drei Farben Grau, Rot und Gelb.

 Das folgende Java-Programm wird dieses Bild einlesen und anschließend in ein Array mit 10 × 20 Feldern schreiben. Analog zum Speichern eines Bildes, gilt auch hier:

1. Ein graues Pixel im Bild entspricht einem Feld im Array mit dem Wert 0.
2. Ein rotes Pixel im Bild entspricht einem Feld im Array mit dem Wert 1.
3. Ein gelbes Pixel im Bild entspricht einem Feld im Array mit dem Wert 2.

Diese Zuordnung kann in der Funktion `get_state()` wiedergefunden werden.

```java
import java.awt.*;
import java.awt.image.*;
import java.lang.Math;

public class read {

  public static int width = 20;
  public static int height = 10;
  public static int[][] array = new int[height][width];

  public static int get_state (int pixel) {
    int alpha = (pixel >> 24) & 0xff;
    int red   = (pixel >> 16) & 0xff;
    int green = (pixel >>  8) & 0xff;
    int blue  = (pixel      ) & 0xff;
```

```java
    if ((red ==  80) && (green ==  80) && (blue ==  80)) return 0; else
    if ((red == 230) && (green ==   0) && (blue ==   0)) return 1; else
    if ((red == 255) && (green == 200) && (blue ==   0)) return 2; else
    return -1;
}

public static void read_image (String filename) {
  Image img = Toolkit.getDefaultToolkit().getImage(filename + ".png");
  int[] pixels = new int[width*height];

  PixelGrabber pg = new PixelGrabber(img, 0, 0, width, height, pixels, 0, width);
  try {
    pg.grabPixels();
  } catch (InterruptedException e) {
    System.err.println("Waiting!");
    return;
  }

  if ((pg.getStatus() & ImageObserver.ABORT) != 0) {
    System.err.println("Read_image_failed!");
    return;
  }

  for (int i = 0; i < height; i++) for (int j = 0; j < width; j++)
    array[i][j] = get_state(pixels[i*width + j]);
}

public static void print_array () {
  for (int i = 0; i < height; i++) {
    for (int j = 0; j < width; j++) System.out.print("_" + array[i][j]);
    System.out.println();
  }
}

public static void main (String[] args) {
  read_image("input");
  print_array ();
}

}
```

Zur Überprüfung, ob das Bild korrekt eingelesen wurde, dient `print_array()`. Diese Funktion wird im Programmbeispiel aufgerufen, nachdem das 10×20 Pixel große Bild `input.png` durch `read_image("input")` eingelesen wurde. Dadurch wird das Array einmal komplett ausgegeben, und wir erhalten die folgenden Zeilen:

```
0 0 0 0 0 0 0 0 0 0 0 0 0 0 0 0 0 0 0 0
0 1 1 1 1 1 1 1 1 1 1 1 1 2 1 1 1 1 1 0
0 1 1 1 1 1 2 1 1 2 1 1 1 1 1 1 1 1 1 0
0 2 1 1 2 1 1 1 2 1 1 1 1 1 2 1 1 1 1 0
0 1 1 1 1 1 1 1 1 1 1 1 1 1 1 1 1 1 1 0
0 1 1 1 1 1 1 1 1 1 1 2 1 1 1 1 1 1 1 0
0 1 1 1 1 1 2 1 1 1 1 1 1 1 1 1 1 1 2 0
0 1 1 2 1 1 1 1 1 1 1 1 1 1 1 1 1 1 1 0
0 1 1 1 1 1 1 2 1 1 1 1 2 1 2 1 1 1 1 0
0 0 0 0 0 0 0 0 0 0 0 0 0 0 0 0 0 0 0 0
```

Wie beschrieben, entspricht diese Ausgabe genau dem 10×20 Pixel großen Bild `input.png`, welches in Abb. A.2 veranschaulicht wurde.

Anhang B

Zusammenfassung

In diesem Anhang geben wir Details zur Berechnung der Abstandskarte an, welche im Evakuierungsmodell in Kap. 6 benötigt wird. Neben einer algorithmischen Beschreibung soll vor allem Abb. B.1 zum Verständnis der Berechnungen beitragen.

B.1 Berechnung des kürzesten Weges

Zur Berechnung der kürzesten Wege im Evakuierungsmodell aus Kap. 6 unterscheiden wir zwischen einer Initialisierungsphase sowie Berechnungsschritten, welche wiederholt werden, bis die Abstände aller Pixel zum nächstgelegenen Ausgang bestimmt sind, s. Abb. B.1.

B.1.1 Initialisierungsphase

Zunächst initialisieren wir alle Ausgangs-Pixel mit einer 0, was genau dem Abstand zum Ausgang entsprechen soll. Alle Pixel, auf denen sich die Personen bewegen können, müssen in den folgenden Berechnungsschritten bestimmt werden. Hierzu werden diese Pixel als noch zu berechnen markiert. Wände werden dabei nicht berücksichtigt und daher nicht markiert.

Im Beispiel aus Abb. B.1a wurde die Markierung zur Berechnung der Pixel durch ein Fragezeichen vorgenommen.

B.1.2 Berechnungsschritte

Im ersten Berechnungsschritt suchen wir alle Pixel in der Abstandskarte, die eine 0 als Abstand haben und somit einem Ausgang auf dem Spielfeld entsprechen. Alle Pixel in der Moore-Nachbarschaft, s. Abschn. 1.3.1, die mit einem Fragezeichen als noch zu berechnen markiert sind, erhalten nun eine 1 als Abstand, s. Abb. B.1b.

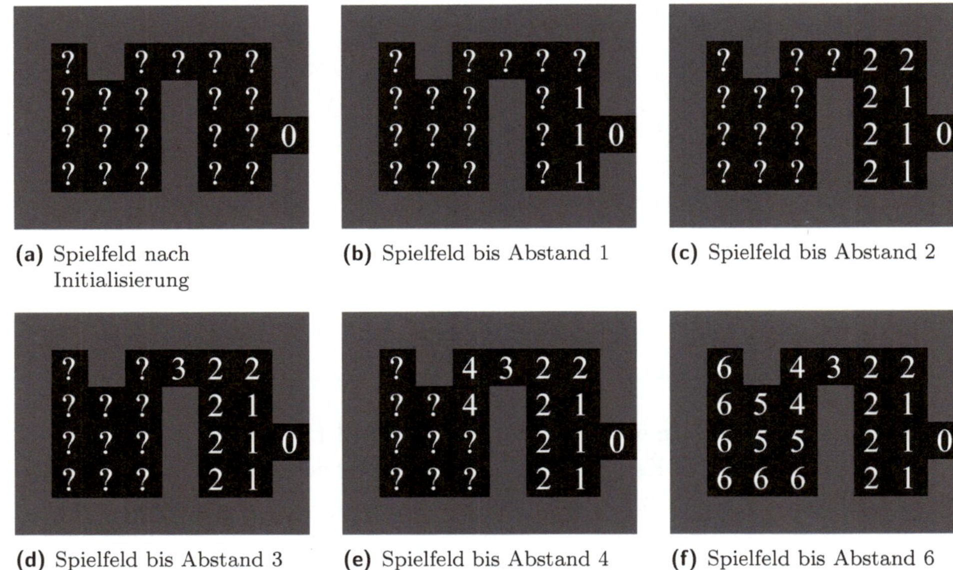

(a) Spielfeld nach
Initialisierung

(b) Spielfeld bis Abstand 1

(c) Spielfeld bis Abstand 2

(d) Spielfeld bis Abstand 3

(e) Spielfeld bis Abstand 4

(f) Spielfeld bis Abstand 6

Abb. B.1 (a) zeigt das Spielfeld nach Initialisierung: Alle Ausgangs-Pixel haben einen Abstand von 0. Pixel, auf denen sich Personen bewegen können, sind zu berechnen und werden hier mit einem Fragezeichen gekennzeichnet. Wände werden nicht berücksichtigt. In (b) sind bereits alle Pixel mit einem Abstand von 1 zum nächstgelegenen Ausgang identifiziert. Von (c) bis (e) kommt jeweils ein Berechnungsschritt hinzu, bis wir in (f) schließlich alle Abstände zum Ausgang berechnet haben

Im nächsten Berechnungsschritt suchen wir alle Pixel mit einer 1 als Abstand. Alle Pixel in der Moore-Nachbarschaft dieser Pixel, die als noch zu berechnen markiert sind, erhalten nun eine 2 als Abstand, s. Abb. B.1c.

Dieser Berechnungsschritt wird nun iterativ solange durchgeführt, bis die Abstände aller Pixel bestimmt sind und keine Pixel mehr mit einem Fragezeichen als noch zu berechnen markiert sind.

Anhang C

Zusammenfassung

In den Kap. 8 und 9 haben wir die Regeln der zellulären Automaten zur Diffusionsgleichung und zur Reaktions-Diffusionsgleichung vorgestellt, ohne das Zustandekommen der Regeln zu erläutern. Leserinnen und Leser mit höheren Mathematikkenntnissen können daher in diesem Anhang nachlesen, wie die Regeln hergeleitet werden können. Dazu geben wir die zugehörigen partiellen Differentialgleichungen an und zeigen, wie diese numerisch gelöst werden können.

C.1 Herleitung zur Diffusionsgleichung

Das Ziel in diesem Abschnitt ist die mathematische Herleitung der Regeln zur Diffusionsgleichung, s. Kap. 8, wobei dazu weiterführende Mathematikkenntnisse vorausgesetzt werden.

Bei der Diffusionsgleichung handelt es sich um eine *partielle Differentialgleichung*, sodass unter gegebenen Anfangsbedingungen eine unbekannte Funktion u gefunden werden soll. Wir unterscheiden im Folgenden zwischen der eindimensionalen und der zweidimensionalen Diffusionsgleichung.

C.1.1 Eindimensionale Diffusionsgleichung

Im eindimensionalen Fall suchen wir eine Funktion $u(r, t)$ mit

$$u : \mathbb{R} \times [0, \infty) \to \mathbb{R},$$

wobei $r \in \mathbb{R}$ den **Ort** und $t \geq 0$ die **Zeit** beschreibt. Bekannt sei die Funktion $u(r, t)$ zum Zeitpunkt $t = 0$, sodass

$$u(r, 0) = u_a(r)$$

für eine Funktion $u_a : \mathbb{R} \to \mathbb{R}$ gilt. Für Zeitpunkte $t > 0$ wird die gesuchte Funktion $u(r, t)$ nun beschrieben durch die *eindimensionale Diffusionsgleichung*

$$\frac{\partial u}{\partial t}(r, t) = D \cdot \frac{\partial^2 u}{\partial r^2}(r, t) \quad \text{mit} \quad u(r, 0) = u_a(r). \tag{C.1}$$

Dabei ist $D > 0$ die **Diffusionskonstante** und dient als Maß für die Geschwindigkeit der Diffusion.

Zur numerischen Lösung der Diffusionsgleichung, s. etwa Hanke-Bourgeois (2009) oder Yang und Young (2006), untersuchen wir diskrete Zeitschritte Δt und definieren

$$t_k = k \cdot \Delta t \quad \text{für} \quad k = 0, 1, 2, 3, \dots .$$

Weiterhin lösen wir die Gleichung nicht für alle $r \in \mathbb{R}$, sondern nur für **Gitterpunkte**

$$r_i = a + i \cdot \Delta r \in \mathbb{R} \quad \text{für} \quad i = 1, \dots, n$$

mit $a \in \mathbb{R}$ und $\Delta r > 0$. Dies bedeutet, dass wir mit $r_1, \dots, r_n$ äquidistante Werte aus dem Intervall

$$[a, a + n \cdot \Delta r] \subset \mathbb{R}$$

beschreiben, s. Abb. C.1a. Das Ziel ist es, die unbekannte Funktion $u(r, t)$ auf den Gitterpunkten r_i und zu den diskreten Zeitpunkten t_k durch $u_i(t_k)$ zu approximieren, sodass

$$u_i(t_k) \approx u(r_i, t_k)$$

für $i = 1, \dots, n$ und $k = 0, 1, 2, \dots$ gilt.

Der eindimensionale zelluläre Automat aus Kap. 8 ist so konstruiert, dass der Zustand des Pixels x_i in der Generation G_k dem Wert $u_i(t_k)$ entspricht. Die Startgeneration ergibt sich demnach aus den Werten $u_a(r_1)$ bis $u_a(r_n)$.

Als nächster Schritt zur Berechnung von $u_i(t_k)$ ist die Approximation der partiellen Ableitungen in der Diffusionsgleichung von zentraler Bedeutung. Da wir diese im Allgemeinen nicht exakt bestimmen können, bedienen wir uns des **Differenzenquotienten**:

Für eine reellwertige und differenzierbare Funktion $f : \mathbb{R} \to \mathbb{R}$ und $t = k \cdot \Delta t$ mit $k \in \mathbb{Z}$ gilt für die erste und zweite Ableitung der Funktion f an einer Stelle t_k:

$$f'(t_k) \approx \frac{f(t_{k+1}) - f(t_k)}{t_{k+1} - t_k} = \frac{f(t_{k+1}) - f(t_k)}{\Delta t},$$

$$f''(t_k) \approx \frac{f(t_{k+1}) - 2 \cdot f(t_k) + f(t_{k-1})}{(t_{k+1} - t_k)^2} = \frac{f(t_{k+1}) - 2 \cdot f(t_k) + f(t_{k-1})}{(\Delta t)^2}.$$

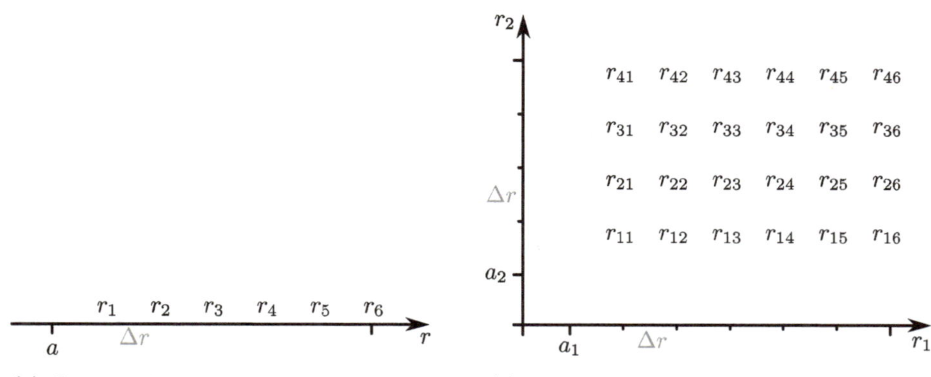

(a) Gitterpunkte im eindimensionalen Fall   **(b)** Gitterpunkte im zweidimensionalen Fall

Abb. C.1 In **(a)** sind die Gitterpunkte r_1 bis r_6 als Diskretisierung der Variablen $r \in \mathbb{R}$ mit $n = 6$ veranschaulicht. Im zweidimensionalen Fall **(b)** mit $n = 6$ und $m = 4$ erhalten wir diskrete Gitterpunkte r_{ij} in der Ebene, da $r = (r_1, r_2) \in \mathbb{R}^2$ nun eine zweidimensionale Variable ist

Wenn wir den Differenzenquotienten auf die partiellen Ableitungen der eindimensionalen Diffusionsgleichung aus (C.1) übertragen, ergibt sich

$$\frac{\partial u}{\partial t}(r_i, t_k) \approx \frac{u(r_i, t_{k+1}) - u(r_i, t_k)}{\Delta t} \approx \frac{u_i(t_{k+1}) - u_i(t_k)}{\Delta t},$$

$$\frac{\partial^2 u}{\partial r^2}(r_i, t_k) \approx \frac{u(r_{i+1}, t_k) - 2 \cdot u(r_i, t_k) + u(r_{i-1}, t_k)}{(\Delta r)^2}$$

$$\approx \frac{u_{i+1}(t_k) - 2 \cdot u_i(t_k) + u_{i-1}(t_k)}{(\Delta r)^2}.$$

Diese Approximationen können wir in die eindimensionale Diffusionsgleichung (C.1) einsetzen und erhalten

$$\frac{u_i(t_{k+1}) - u_i(t_k)}{\Delta t} = D \cdot \left(\frac{u_{i+1}(t_k) - 2 \cdot u_i(t_k) + u_{i-1}(t_k)}{(\Delta r)^2} \right).$$

Daraus ergibt sich die folgende Rechenvorschrift:

$$u_i(t_{k+1}) = \frac{D \cdot \Delta t}{(\Delta r)^2} \cdot \left(u_{i+1}(t_k) - 2 \cdot u_i(t_k) + u_{i-1}(t_k) \right) + u_i(t_k). \tag{C.2}$$

Dies bedeutet, dass wir die Approximationen $u_i(t_{k+1})$ für $i = 1, \ldots, n$ allein aus den Approximationen des vorherigen Zeitschrittes t_k berechnen können. Und genau dies ist auch das grundlegende Prinzip eines jeden zellulären Automaten.

C.1.2 Zweidimensionale Diffusionsgleichung

Analog zur eindimensionalen Diffusionsgleichung lässt sich das Verhalten auch in höheren Dimensionen beschreiben. Wir stellen hier den zweidimensionalen Fall vor.

Gesucht wird nun eine unbekannte Funktion $u(r, t)$ mit

$$u : \mathbb{R}^2 \times [0, \infty) \to \mathbb{R},$$

wobei $r = (r_1, r_2) \in \mathbb{R}^2$ den Ort in zwei Dimensionen beschreibt. Wieder sei $u(r, t)$ zum Zeitpunkt $t = 0$ bekannt mit

$$u(r, 0) = u_a(r)$$

für eine Funktion $u_a : \mathbb{R}^2 \to \mathbb{R}$. Als *zweidimensionale Diffusionsgleichung* erhalten wir

$$\frac{\partial u}{\partial t}(r, t) = D \cdot \left(\frac{\partial^2 u}{\partial r_1^2}(r, t) + \frac{\partial^2 u}{\partial r_2^2}(r, t) \right) \quad \text{mit} \quad u(r, 0) = u_a(r) \tag{C.3}$$

und $D > 0$. Auch hier approximieren wir die gesuchte Funktion $u(r, t)$ für diskrete Zeitschritte

$$t_k = k \cdot \Delta t \quad \text{mit} \quad k = 0, 1, 2, 3, \ldots$$

auf den nun zweidimensionalen *Gitterpunkten*

$$r_{ij} = (a_1 + j \cdot \Delta r, a_2 + i \cdot \Delta r) \in \mathbb{R}^2$$

für $i = 1, \ldots, m$ und $j = 1, \ldots, n$. Die Gitterpunkte, s. Abb. C.1b, sind damit äquidistant auf

$$[a_1, a_1 + n \cdot \Delta r] \times [a_2, a_2 + m \cdot \Delta r] \subset \mathbb{R}^2$$

verteilt. Gelöst wird die Diffusionsgleichung auf den Gitterpunkten r_{ij} zu den Zeitpunkten t_k, sodass wir

$$u_{ij}(t_k) \approx u(r_{ij}, t_k)$$

erhalten. Hierzu wurde in Kap. 8 ein zweidimensionaler zellulärer Automat vorgestellt, wobei der Zustand des Pixels x_{ij} in der Generation G_k dem Wert $u_{ij}(t_k)$ entspricht und somit eine Approximation von $u(r_{ij}, t_k)$ liefert.

Bei der zweidimensionalen Diffusionsgleichung ergeben die Differenzenquotienten folgende Approximationen:

$$\frac{\partial u}{\partial t}(r_{ij}, t_k) \approx \frac{u(r_{ij}, t_{k+1}) - u(r_{ij}, t_k)}{\Delta t} \approx \frac{u_{ij}(t_{k+1}) - u_{ij}(t_k)}{\Delta t},$$

$$\frac{\partial^2 u}{\partial r_1^2}(r_{ij}, t_k) \approx \frac{u(r_{i,j+1}, t_k) - 2 \cdot u(r_{ij}, t_k) + u(r_{i,j-1}, t_k)}{(\Delta r)^2}$$

$$\approx \frac{u_{i,j+1}(t_k) - 2 \cdot u_{ij}(t_k) + u_{i,j-1}(t_k)}{(\Delta r)^2},$$

$$\frac{\partial^2 u}{\partial r_2^2}(r_{ij}, t_k) \approx \frac{u(r_{i+1,j}, t_k) - 2 \cdot u(r_{ij}, t_k) + u(r_{i-1,j}, t_k)}{(\Delta r)^2}$$

$$\approx \frac{u_{i+1,j}(t_k) - 2 \cdot u_{ij}(t_k) + u_{i-1,j}(t_k)}{(\Delta r)^2}.$$

Hieraus ergibt sich nach Einsetzen in die Diffusionsgleichung (C.3) und anschließender Umformung die Rechenvorschrift

$$u_{ij}(t_{k+1}) = \frac{D \cdot \Delta t}{(\Delta r)^2} \cdot \Big(u_{i+1,j}(t_k) + u_{i,j+1}(t_k) + u_{i-1,j}(t_k) + u_{i,j-1}(t_k) - 4 \cdot u_{ij}(t_k) \Big) + u_{ij}(t_k).$$

$$\tag{C.4}$$

C.2 Herleitung zur Reaktions-Diffusionsgleichung

Bei der Reaktions-Diffusionsgleichung handelt es sich um ein System aus zwei gekoppelten partiellen Differentialgleichungen, sodass auch in diesem Abschnitt weiterführende Mathematikkenntnisse vorausgesetzt werden.

Das Ziel ist die Approximation von zwei unbekannten Funktionen $u(r, t)$ und $v(r, t)$ mit

$$u : \mathbb{R}^2 \times [0, \infty) \to \mathbb{R} \quad \text{und} \quad v : \mathbb{R}^2 \times [0, \infty) \to \mathbb{R},$$

wobei $r = (r_1, r_2) \in \mathbb{R}^2$ den Ort und $t \geq 0$ die Zeit beschreibt, s. auch im Abschnitt zuvor zur zweidimensionalen Diffusionsgleichung. Die Funktion $u(r, t)$ gibt dabei die Konzentration des Stoffes u zum Zeitpunkt t am Ort r an, und $v(r, t)$ beschreibt analog die Konzentration des Stoffes v.

Weiterhin seien $u(r, t)$ und $v(r, t)$ zum Zeitpunkt $t = 0$ bekannt mit

$$u(r, 0) = u_a(r) \quad \text{und} \quad v(r, 0) = v_a(r)$$

für Funktionen $u_a : \mathbb{R}^2 \to \mathbb{R}$ und $v_a : \mathbb{R}^2 \to \mathbb{R}$. Zudem seien

$$f : \mathbb{R}^2 \to \mathbb{R} \quad \text{und} \quad g : \mathbb{R}^2 \to \mathbb{R}$$

zwei geeignete Funktionen, welche die ***chemische Reaktion*** der Flüssigkeiten u und v definieren.

Als ***zweidimensionale Reaktions-Diffusionsgleichung*** erhalten wir damit

$$\frac{\partial u}{\partial t}(r, t) = D_u \cdot \left(\frac{\partial^2 u}{\partial r_1^2}(r, t) + \frac{\partial^2 u}{\partial r_2^2}(r, t) \right) + f\big(u(r, t), v(r, t)\big) \quad \text{mit} \quad u(r, 0) = u_a(r),$$

$$\frac{\partial v}{\partial t}(r, t) = D_v \cdot \left(\frac{\partial^2 v}{\partial r_1^2}(r, t) + \frac{\partial^2 v}{\partial r_2^2}(r, t) \right) + g\big(u(r, t), v(r, t)\big) \quad \text{mit} \quad v(r, 0) = v_a(r),$$

wobei $D_u > 0$ und $D_v > 0$ die Diffusionskonstanten von u und v sind. Die erste Gleichung ist damit eine mathematische Formulierung zur Beschreibung der Konzentrationsveränderung des Stoffes u und die zweite Gleichung analog für v. Der jeweils erste Teil der beiden Gleichungen entspricht exakt der Diffusionsgleichung. Der jeweils zweite Teil wird durch die Funktionen f und g definiert und beschreibt damit den Reaktionsteil, also die Veränderung der Konzentrationen, da die Flüssigkeiten miteinander eine chemische Reaktion eingehen können.

Da es im Allgemeinen gar nicht möglich ist, die Reaktions-Diffusionsgleichung exakt zu lösen, können die gesuchten Funktionen $u(r, t)$ und $v(r, t)$ nur approximiert bzw. numerisch gelöst werden. Um dieses Ziel zu erreichen, untersuchen wir wie zuvor diskrete Zeitschritte

$$t_k = k \cdot \Delta t \quad \text{mit} \quad k = 0, 1, 2, 3, \ldots$$

sowie zweidimensionale **Gitterpunkte**

$$r_{ij} = (a_1 + j \cdot \Delta r, a_2 + i \cdot \Delta r) \in \mathbb{R}^2$$

für $i = 1, \ldots, m$ und $j = 1, \ldots, n$, s. Abb. C.1b.

Der zelluläre Automat zur Reaktions-Diffusionsgleichung aus Kap. 9 wurde so konstruiert, dass die Lösungen $u(r, t)$ und $v(r, t)$ auf den Gitterpunkten r_{ij} zu den Zeitpunkten t_k durch

$$x_{ij}(t_k) \approx u(r_{ij}, t_k) \quad \text{und} \quad y_{ij}(t_k) \approx v(r_{ij}, t_k)$$

approximiert werden.

Literatur

A. Adamatzky, *Game of Life Cellular Automata* (Springer, London, 2010), 1. Auflage.

R. Adrian und J. Westerweel, *Particle Image Velocimetry* (Cambridge University Press, Cambridge, 2011), 1. Auflage.

S. Albert, H. Binkhoff, und T. Wuttke, in *Evolution und Epidemie: Spieltheorie in der Biophysik*, herausgeg. von A. Schöbel und D. Scholz (Shaker Verlag, Aachen, 2011), S. 97–128.

P. Bak, K. Chen, und C. Tang. *A forest-fire model and some thoughts on turbulence.* Phys. Lett. A **147**, 297 (1990).

V. Blue und J. Adler. *Cellular automata microsimulation of bidirectional pedestrian flows.* Trans. Res. Board Nat. Acad. **1678**, 135 (1999).

A. Borrmann, A. Kneidl, G. Köster, S. Ruzika, und M. Thiemann. *Bidirectional coupling of macroscopic and microscopic pedestrian evacuation models.* Saf. Sci. **50**, 1695 (2012).

C. Burstedde, K. Klauck, A. Schadschneider, und J. Zittartz. *Simulation of pedestrian dynamics using a two-dimensional cellular automaton.* Physica A: Statistical Mechanics and its Applications **295**, 507 (2001).

P. Chaudhuri, D. Chowdhury, S. Nandi, und S. Chattopadhyay, *Additive Cellular Automata: Theory and Applications* (IEEE Computer Society Press, 1997), 1. Auflage.

K. Chen, P. Bak, und M. Jensen. *A deterministic critical forest fire model.* Phys. Lett. A **149**, 207 (1990).

B. Chopard und M. Droz. *Cellular automata model for the diffusion equation.* J. Stat. Phys. **64**, 859 (1991).

W. Dahmen und A. Reusken, *Numerik für Ingenieure und Naturwissenschaftler* (Springer, Heidelberg, 2008), 2. Auflage.

W. Demtröder, *Experimentalphysik 1. Mechanik und Wärme* (Springer, Heidelberg, 2006), 4. Auflage.

A. Deutsch und S. Dormann, *Cellular Automaton Modeling of Biological Pattern Formation* (Birkhäuser, Boston, 2005), 1. Auflage.

A. Dewdney. *Sharks and fish wage an ecological war on the toroidal planet wa-tor.* Sci. Am. **251**, 14 (1984).

B. Drossel und F. Schwabl. *Self-organized critical forest-fire model.* Phys. Rev. Lett. **69**, 1629 (1992).

U. Frisch, B. Hasslacher, und Y. Pomeau. *Lattice-gas automata for the navier-stokes equation.* Phys. Rev. Lett. **56**, 1505 (1986).

M. Gardner. *The fantastic combinations of john conway's new solitaire game life.* Sci. Am. **223**, 120 (1970).

M. Gerhardt und H. Schuster, *Das digitale Universum* (Springer, Heidelberg, 1995), 1. Auflage.

D. Gillespie. *A general method for numerically simulating the stochastic time evolution of coupled chemical reactions.* J. Comput. Phys. **22**, 403 (1976).

P. Gray und S. Scott. *Sustained oscillations and other exotic patterns of behavior in isothermal reactions.* J. Phys. Chem. **89**, 22 (1985).

M. Hanke-Bourgeois, *Grundlagen der Numerischen Mathematik und des Wissenschaftlichen Rechnens* (Vieweg + Teubner Verlag, Wiesbaden, 2009), 3. Auflage.

J. Hardy, Y. Pomeau, und O. de Pazzis. *Time evolution of a two-dimensional classical lattice system.* Phys. Rev. Lett. **31**, 276 (1973).

B. Kerr, M. Riley, M. Feldman, und B. Bohannan. *Local dispersal promotes biodiversity in a real-life game of rock-paper-scissors.* Nature **418**, 171 (2002).

W. Knospe, L. Santen, A. Schadschneider, und M. Schreckenberg. *A realistic two-lane traffic model for highway traffic.* Physics A **35**, 3369 (2002).

A. Lotka, *Elements of Physical Biology* (Nabu Press, 2011), 1. Auflage, nachdruck der Originalausgabe von 1925.

N. Margolus und T. Toffoli, *Cellular Automata Machines: A New Environment for Modeling* (The MIT Press, Cambridge, 1987), 1. Auflage.

H. Meinhardt, *The Algorithmic Beauty of Sea Shells* (Springer, New York, 2003), 3. Auflage.

F. Minoru und I. Yoshihiro. *Self-organized phase transitions in cellular automaton models for pedestrians.* J. Phys. Soc. Japan **68**, 2861 (1999).

M. Muramatsu, T. Irie, und T. Nagatani. *Jamming transition in pedestrian counter flow.* Physica A: Statistical Mechanics and its Applications **267**, 487 (1999).

J. Murray, *Mathematical Biology II: Spatial Models and Biomedical Applications* (Springer, New York, 2003), 3. Auflage.

K. Nagel und M. Schreckenberg. *A cellular automaton model for freeway traffic.* Journal de Physique I **2**, 2221 (1992).

K. Nagel, D. Wolf, P. Wagner, und P. Simon. *Two-lane traffic rules for cellular automata: A systematic approach.* Phys. Rev. E **58**, 1425 (1998).

J. V. Neumann, *Theory of Self-Reproducing Automata* (University of Illinois Press, 1966), 1. Auflage.

G. Pruessner und H. Jensen. *Broken scaling in the forest-fire model.* Physical Review E **65**, 056707 (2002).

M. Raffel, C. Willert, S. Wereley, und J. Kompenhans, *Particle Image Velocimetry: A Practical Guide* (Springer, New York, 2007), 2. Auflage.

T. Reichenbach, M. Mobilia, und E. Frey. *Mobility promotes and jeopardizes biodiversity in rock-paper-scissors games.* Nature **448**, 1046 (2007).

J. Rivet und J. Boon, *Lattice Gas Hydrodynamics* (Cambridge University Press, Cambridge, 2001), 1. Auflage.

D. Rothman und S. Zaleski, *Lattice Gas Cellular Automata: Simple Models of Complex Hydrodynamics* (Cambridge University Press, Cambridge, 1997), 1. Auflage.

J. Schiff, *Cellular Automata: A Discrete View of the World* (Wiley-Interscience, New York, 2008), 1. Auflage.

P. Simon und H. Gutowitz. *Cellular automaton model for bidirectional traffic.* Phys. Rev. E **57**, 2441 (1988).

M. Treiber und A. Kesting, *Verkehrsdynamik und -simulation: Daten, Modelle und Anwendungen der Verkehrsflussdynamik* (Springer, Heidelberg, 2010), 1. Auflage.

D. Weber, R. Chrobok, S. Hafstein, F. Mazur, A. Pottmeier, und M. Schreckenberg, in *Lecture Notes in Computer Science*, herausgeg. von T. Böhme, V. L. Rosillo, H. Unger, und H. Unger (Springer, Heidelberg, 2006), Band 3473, S. 296–306.

J. Weimar. *Cellular automata for reaction-diffusion systems.* Para. Comput. **23**, 1699 (1997).

J. Weimar, *Simulation with Cellular Automata* (Logos-Verlag, Berlin, 1998), 1. Auflage.

D. Wolf-Gladrow, *Lattice-Gas Cellular Automata and Lattice Boltzmann Models: An Introduction* (Springer, Heidelberg, 2000), 1. Auflage.

S. Wolfram. *Statistical mechanics of cellular automata.* Rev. Mod. Phys. **55**, 601 (1983).

S. Wolfram. *Computation theory of cellular automata.* Comm. Math. Phys. **96**, 15 (1984a).

S. Wolfram. *Universality and complexity in cellular automata.* Physica D **10**, 1 (1984b).

S. Wolfram. *Random sequence generation by cellular automata.* Adv. Appl. Math. 7, 123 (1986a).

S. Wolfram, *Theory and Application of Cellular Automata* (World Sci., 1986b), 1. Auflage.

S. Wolfram, *Cellular Automata And Complexity: Collected Papers* (Westview Press, 1994), 1. Auflage.

S. Wolfram, *A New Kind of Science* (Wolfram Media, 2002), 1. Auflage.

X. Yang und Y. Young, in *Handbook of Bioinspired Algorithms and Applications*, herausgeg. von S. Olariu und A. Zomaya (Chapman & Hall / CRC Press, 2006), S. 273–284.

G. Zhang, Y. Chen, W. Qi, und S. Qing. *Four-state rock-paper-scissors games in constrained newman-watts networks.* Phys. Rev. E **79**, 062901 (2009).

Sachverzeichnis